Automatische Reparatur elektronischer Baugruppen

von der Fakultät
Konstruktions- und Fertigungstechnik
der Universität Stuttgart zur Erlangung der
Würde eines Doktor-Ingenieurs (Dr.-Ing.)
genehmigte Abhandlung

vorgelegt von
Dipl.-Ing. Thomas Leicht
aus Bamberg

Hauptberichter:	Dr.-Ing. H. J. Warnecke o. Prof. Dr. h. c. mult.
Mitberichter:	Dr.-Ing. H. Hügel o. Prof. habil.
Tag der Einreichung:	12. April 1994
Tag der mündlichen Prüfung:	6. Dezember 1994

Thomas Leicht

Automatische Reparatur elektronischer Baugruppen

Mit 46 Abbildungen

Springer-Verlag
Berlin Heidelberg New York
London Paris Tokyo
Hong Kong Barcelona
Budapest 1995

Dipl.-Ing. Thomas Leicht
Fraunhofer-Institut für Produktionstechnik und Automatisierung (IPA), Stuttgart

Prof. Dr.-Ing. Dr. h. c. Dr.-Ing. E. h. H. J. Warnecke
o. Professor an der Universität Stuttgart
Fraunhofer-Institut für Produktionstechnik und Automatisierung (IPA), Stuttgart

Prof. Dr.-Ing. habil. Dr. h. c. H.-J. Bullinger
o. Professor an der Universität Stuttgart
Fraunhofer-Institut für Arbeitswirtschaft und Organisation (IAO), Stuttgart

D 93

ISBN-13: 978-3-540-59015-6   e-ISBN-13: 978-3-642-47962-5
DOI: 10.1007/978-3-642-47962-5

Gesamtherstellung: Copydruck GmbH, Heimsheim
SPIN 10497241   62/3020-6 5 4 3 2 1 0

Geleitwort der Herausgeber

Über den Erfolg und das Bestehen von Unternehmen in einer markt-
wirtschaftlichen Ordnung entscheidet letztendlich der Absatzmarkt.
Das bedeutet, möglichst frühzeitig absatzmarktorientierte Anforderungen sowie deren Veränderungen zu erkennen und darauf zu reagie-
ren.

Neue Technologien und Werkstoffe ermöglichen neue Produkte und er-
öffnen neue Märkte. Die neuen Produktions- und Informationstechno-
logien verwandeln signifikant und nachhaltig unsere industrielle
Arbeitswelt. Politische und gesellschaftliche Veränderungen signa-
lisieren und begleiten dabei einen Wertewandel, der auch in unse-
ren Industriebetrieben deutlichen Niederschlag findet.

Die Aufgaben des Produktionsmanagements sind vielfältiger und an-
spruchsvoller geworden. Die Integration des europäischen Marktes,
die Globalisierung vieler Industrien, die zunehmende Innovations-
geschwindigkeit, die Entwicklung zur Freizeitgesellschaft und die
übergreifenden ökologischen und sozialen Probleme, zu deren Lösung
die Wirtschaft ihren Beitrag leisten muß, erfordern von den Füh-
rungskräften erweiterte Perspektiven und Antworten, die über den
Fokus traditionellen Produktionsmanagements deutlich hinausgehen.

Neue Formen der Arbeitsorganisation im indirekten und direkten
Bereich sind heute schon feste Bestandteile innovativer Unternehmen. Die Entkopplung der Arbeitszeit von der Betriebszeit, integrierte Planungsansätze sowie der Aufbau dezentraler Strukturen
sind nur einige der Konzepte, die die aktuellen Entwicklungsrich-
tungen kennzeichnen. Erfreulich ist der Trend, immer mehr den Men-
schen in den Mittelpunkt der Arbeitsgestaltung zu stellen - die
traditionell eher technokratisch akzentuierten Ansätze weichen einer stärkeren Human- und Organisationsorientierung. Qualifizie-
rungsprogramme, Training und andere Formen der Mitarbeiterent-
wicklung gewinnen als Differenzierungsmerkmal und als Zukunftsin-
vestition in *Human Recources* an strategischer Bedeutung.

Von wissenschaftlicher Seite muß dieses Bemühen durch die Entwicklung von Methoden und Vorgehensweisen zur systematischen
Analyse und Verbesserung des Systems Produktionsbetrieb ein-
schließlich der erforderlichen Dienstleistungsfunktionen unterstützt werden. Die Ingenieure sind hier gefordert, in enger Zusammenarbeit mit anderen Disziplinen, z.B. der Informatik, der Wirt-
schaftswissenschaften und der Arbeitswissenschaft, Lösungen zu er-
arbeiten, die den veränderten Randbedingungen Rechnung tragen.

Die von den Herausgebern geleiteten Institute, das

- Institut für Industrielle Fertigung und Fabrikbetrieb der
  Universität Stuttgart (IFF),

- Institut für Arbeitswissenschaft und Technologiemanagement (IAT)

- Fraunhofer-Institut für Produktionstechnik und Automatisierung
  (IPA),

- Fraunhofer-Institut für Arbeitswirtschaft und Organisation (IAO)

arbeiten in grundlegender und angewandter Forschung intensiv an
den oben aufgezeigten Entwicklungen mit. Die Ausstattung der
Labors und die Qualifikation der Mitarbeiter haben bereits in der
Vergangenheit zu Forschungsergebnissen geführt, die für die Praxis
von großem Wert waren. Zur Umsetzung gewonnener Erkenntnisse wird
die Schriftenreihe "IPA-IAO - Forschung und Praxis" herausgegeben.
Der vorliegende Band setzt diese Reihe fort. Eine Übersicht über
bisher erschienene Titel wird am Schluß dieses Buches gegeben.

Dem Verfasser sei für die geleistete Arbeit gedankt, dem Springer-
Verlag für die Aufnahme dieser Schriftenreihe in seine Angebots-
palette und der Druckerei für saubere und zügige Ausführung. Möge
das Buch von der Fachwelt gut aufgenommen werden.

H.J. Warnecke   H.-J. Bullinger

Vorwort

Die vorliegende Arbeit entstand während meiner Tätigkeit als wissenschaftlicher Mitarbeiter am Fraunhofer-Institut für Produktionstechnik und Automatisierung (IPA), Stuttgart.

Mein besonderer Dank gilt Herrn Professor Dr. h. c. mult. Dr.-Ing. Warnecke, der mir die Durchführung der Arbeit an seinem Institut ermöglicht hat und Herrn Professor Dr.-Ing. habil. Hügel für die Übernahme des Mitberichts und die wertvollen Hinweise.

Für die vielen Anregungen und die konstruktive Kritik bei der Ausarbeitung danke ich Herrn Dr.-Ing. Schweizer, Herrn Dr.-Ing. Emmerich, Herrn Dr.-Ing. Fischer, Herrn Dr.-Ing. Krüll, Herrn Dr.-Ing Schweigert und Herrn Dipl.-Ing. Spingler. Vor allem die enge Zusammenarbeit mit Herrn Dipl.-Ing. Weisener hat mir viel bedeutet.

Besonders erwähnen möchte ich noch Herrn Dipl.-Ing. Maya und Herrn Dipl.-Ing. Reich, die zum Gelingen dieser Arbeit wesentlich beigetragen haben.

Stuttgart, im Dezember 1994   Thomas Leicht

INHALTSVERZEICHNIS

0 Abkürzungen und Formelzeichen

Großbuchstaben

A	-	Absorptionsgrad
A_K	m^2	Klebefläche
BE	-	Bauelement
BV	-	Bildverarbeitung
CAD	-	Computer Aided Design
CCD	-	Charge Coupled Device
CIM	-	Computer Integrated Manufacturing
D_D	m	Düsendurchmesser
E_{zul}	W/m^2	zulässige Energiedichte
$F_{K\,grenz}$	N	Losreißkraft der Klebeverbindung
F_{Kx}, F_{Kz}	N	Haltekraft der Klebeverbindung
$F_{x,z}$	N	Horizontal-/Vertikalkraft
$F_{x\,max}$	N	maximale Horizontalkraft
ICT	-	In-Circuit-Test
IR	-	Industrieroboter
Laser	-	Light amplification by stimulated emission of radiation
LLK	-	Lichtleiterkabel
LP	-	Leiterplatte
MELF	-	Metal Electrode Face Bonded
M_M	-	Momentanpol
Nd:YAG	-	Neodym-dotierter-Yttrium-Aluminium-Granat-Laser
P_A	W	Laserleistung nach dem Resonator
P_H	W	Heizleistung
P_L	W	Laserstrahlleistung an der Lötstelle
$P_{L\,min,\,max}$	W	mindestens benötigte, bzw. maximal einbringbare Strahlleistung
P_{LLK}	W	Laserleistung nach dem Lichtleiterkabel
P_R	W	Reflexionsverluste
PLCC	-	Plastic Leaded Chip Carrier
PTP	-	Point to Point
PT_1	-	Proportionales Verzögerungsglied 1. Ordnung
Q_A	J	absorbierte Wärmemenge
$Q_{A\,min}$	J	Mindest-Absorptionswärme
Q_{ab}	J	abfließende Wärmemenge

Q_{BE}	J	Wärmemenge Bauelement
$Q_{BE\,zul}$	J	zulässige Wärmemenge Bauelement
Q_H	J	effektiv zugeführte Wärme
Q_{Konv}	J	Konvektionswärme
Q_{LP}	J	Wärmemenge Leiterplatte
Q_{min}	J	effektiv benötigte Wärmemenge zum Aufschmelzen der Lötstelle
Q_{Str}	J	Strahlungswärme
QFP	-	Quad Flat Pack
Re_{krit}	-	kritische Reynoldszahl
SCARA	-	Selective Compliance Assembly Robot Arm
SMD	-	Surface Mounted Device
SMT	-	Surface Mount Technology
SO	-	Small Outline
SOD	-	Small Outline Diode
SOT	-	Small Outline Transistor
SPS	-	Speicherprogrammierbare Steuerung
T	°C	Temperatur
$T_{1,2,3}$	°C	Temperaturen ausgewählter Meßpunkte
T_{BE}	°C	Temperatur des Bauelements
T_L	°C	Temperatur der Lötstelle
T_{LP}	°C	Temperatur der Leiterplatte
T_{max}	°C	Maximaltemperatur
T_s	°C	Schmelztemperatur
T_∞	°C	Umgebungstemperatur
ΔT	°C	Temperaturdifferenz
U	J	innere Energie
VDI	-	Verein Deutscher Ingenieure
VSO	-	Very Small Outline
ZR	-	Zellenrechner

Kleinbuchstaben

a_{max}	m / s²	maximal mögliche Beschleunigung
a_{min}	m / s²	mindestens notwendige Beschleunigung
b_1	m	äußere Bauelementbreite
b_2	m	innere Bauelementbreite

b_A	m	Breite der Kontaktfläche
d_D	m	Abstand zwischen Düse und Leiterplatte
d_s	m	Fokusdurchmesser
f_a	m	Brennweite der Auskoppeloptik
f_e	m	Brennweite der Einkoppeloptik
f_p	m	Brennweite der Planfeldoptik
h_1	m	äußere Bauelementhöhe
h_2	m	innere Bauelementhöhe
i	-	Anzahl der Seiten mit Anschlußdrähten (wellengelötete Bauelemente)
i.O.	-	in Ordnung
j	-	Anzahl der Seiten ohne Anschlußdrähte (wellengelötete Bauelemente)
k	-	Anzahl der Seiten mit Anschlußdrähten (reflowgelötete Bauelemente)
$\bar{k}$	-	gemittelter Anteil des Wärmestroms in die Leiterplatte
l	-	Anzahl der Seiten ohne Anschlüsse (reflowgelötete Bauelemente)
n	-	Anzahl
n.i.O.	-	nicht in Ordnung
ppm	-	parts per million
s_b	m	Beschleunigungsstrecke
s_c	m	Konstantfahrstrecke
s_g	m	Gehäuselänge
s_{off}	m	Strecke ohne Anschlußdrähte
s_{on}	m	Strecke mit Anschlußdrähten
t	s	Zeit
t_g	s	Verfahrzeit
t_H	s	Dauer der Wärmezuführung
$t_{PR\,1,2}$	s	Prozeßzeit im Fall 1 bzw. 2
$t_{PR\,max}$	s	maximal zulässige Prozeßzeit
$t_{PR\,min}$	s	minimal erreichbare Prozeßzeit
t_s	s	Aufschmelzdauer
v_0	m/s	Ausströmgeschwindigkeit
$v_{1,2}$	m/s	Fahrstrahlgeschwindigkeit im Fall 1 bzw. 2
v_c	m/s	konstante Verfahrgeschwindigkeit
v_E	-	Verfügbarkeit des Einplatzsystems
v_{scan}	m/s	Geschwindigkeit des Fahrstrahls

$v_{scan\,max}$	m/s	maximal erreichbare Fahrstrahlgeschwindigkeit
v_∞	m/s	Fahrstrahlgeschwindigkeit, entsprechend simultaner Bestrahlung
x_0	m	Kernzonenlänge
x, y, z	m	Raumkoordinaten
x_{zul}, y_{zul}	m	maximal zulässige Positionsabweichung

Griechische Buchstaben

α	W/m²K	Wärmeübertragungskoeffizient
β	°	Winkel zwischen Leiterplatte und Achse der Heißluftdüse
η_{scan}	-	Leistungsausnutzungsgrad beim Ablöten mit Scanner
$\eta_{scan\,1,2}$	-	Leistungsausnutzungsgrad mit einem / zwei Scannern
θ	°	Drehwinkel
θ_{zul}	°	zulässige Drehwinkelabweichung
μ_0	-	Haftreibungskoeffizient
ν	m^2/s	kinematische Viskosität
τ_{BE}	s	Zeitkonstante des Bauelementes
$\sigma_{B\,warm}$	N/m^2	Zugfestigkeit

1   Einführung

1.1   Problemstellung

Die Elektronikfertigung weist besonders im Bereich der Bestückung von Leiterplatten mit Bauelementen einen hohen Automatisierungsgrad auf /1/. Dies wird durch große Stückzahlen, ähnliche Produktmerkmale wie Abmessungen, Gewicht und Fügerichtung der Bauteile sowie durch eine automatisierungsgerechte Gestaltung des Montageablaufs begünstigt /2/.

Durch die Einführung der Oberflächenmontagetechnik (SMT), etwa 1980, wurde der Bestückvorgang von "Einstecken" auf "Zusammenlegen" vereinfacht und durch eine erhebliche Standardisierung bei Bauelementgehäuseabmessungen die Flexibilitäts-anforderungen an Montageautomaten nochmals reduziert /3/. Trotz des hohen Automatisierungsgrades und integrierter Prozeßüberwachung sind durchschnittlich 20 Prozent aller Baugruppen nach dem Löten fehlerhaft /4/ und müssen aus wirtschaftlichen und logistischen Überlegungen heraus repariert werden. Die hohe Ausfallrate ergibt sich durch die Multiplikation der Einzelfehlerwahrscheinlichkeiten aller in eine Baugruppe einfließenden Objekte und Ereignisse (Bild 1.1).

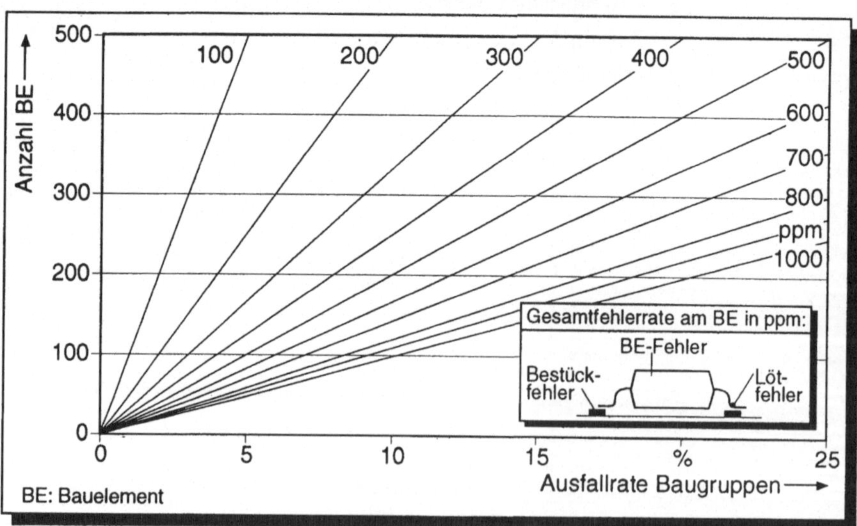

Bild 1.1:   Fehlerwahrscheinlichkeit am Bauelement und Ausfallrate

In eigens dafür eingerichteten Reparaturbereichen werden die vom Testsystem als fehlerhaft erkannten Baugruppen nachgearbeitet und nach erneuter Prüfung - ein fehlerfreies Testergebnis vorausgesetzt - wieder in den Fertigungsfluß eingereiht. Die Eingrenzung und die Beseitigung der Fehler wird üblicherweise von qualifizierten Technikern betrieben, die ihren Erfahrungsschatz und ihr Geschick in die Reparaturtätigkeit einbringen /5/.

Durch die geforderte Reproduzierbarkeit /6/ und die Dokumentationspflicht im Rahmen der Qualitätsnormen ISO 9000 und folgende steigen die Anforderungen an die Fähigkeiten des Reparateurs jedoch ständig. Erschwerend kommen weitere Miniaturisierungsbestrebungen bei zunehmender Komplexität sowie die steigende Anzahl an Bauelementen pro Leiterplatte hinzu.

Bei unsachgemäßer Instandsetzung besteht die Gefahr, umliegende Bauelemente oder die Leiterplatte zu beschädigen und so Folgefehler zu verursachen, die die Qualitätskontrollen unbemerkt passieren können und dann in einer verkürzten Produktlebensdauer resultieren. Besonders kritisch sind dabei thermische Belastungen, die das zu ersetzende Bauelement selbst oder die Beständigkeit umliegender Lötverbindungen, z.B. durch die Ausbildung einer vergrößerten intermetallischen Phase, schädigen können /7, 8/. Nur durch die Kenntnis des dem Ablötprozeß zugrundeliegenden Wärmemodells und an den Reparaturfall exakt angepaßte Parameter kann die Bauelement-Beanspruchung minimiert werden.

Bedingt durch die Struktur elektronischer Baugruppen und die mögliche Vielfalt in den Fertigungsabläufen ergibt sich eine sehr große Anzahl technologischer Varianten. Die konventionelle Durchstecktechnik und die Oberflächenmontagetechnik sind in ihren montagetechnischen Merkmalen so verschieden, daß die Konzeption von Reparatureinrichtungen, die gleichermaßen für beide Technologien geeignet sind, nicht mit vertretbarem Aufwand erreicht werden kann. Beispielsweise befinden sich in der Durchstecktechnik Lötstellen und Bauelemente auf gegenüberliegenden Leiterplattenseiten. Das bedrahtete Bauelement muß zudem für den Transport in die Lötanlage durch eine formschlüssige Verbiegung der Anschlußdrahtenden gegen Herausfallen gesichert werden. Beide Gegebenheiten erschweren das Ablöten.

Für die Oberflächenmontagetechnik sind diese Merkmale nicht zutreffend, jedoch existieren dort andere Problemstellungen. So sind verfahrensabhängig Bauelemente zur Fixierung im Wellenlötbad zusätzlich mit der Leiterplatte verklebt. Diese Verbindung muß bei der Demontage zeitgleich mit dem Aufschmelzen aller Lötverbindungen gelöst werden. Des weiteren kann bei SMT-Bauelementen durch das erzielbare minimale Rastermaß der Anschlußdrähte von bis zu 0,3 Millimetern eine Zahl von Anschlüssen pro Bauelement erreicht werden, wie sie bei der konventionellen Technik bisher nicht vorstellbar war /9/.

In Hinblick auf den hohen Automatisierungsgrad bei der Bestückung oberflächenmontierbarer Bauelemente und die starken Zuwächse in diesem Bereich /10/ werden die Entwicklungsschwerpunkte in der vorliegenden Arbeit bei dieser Technik gesetzt. Die weiteren Ausführungen beziehen sich ausschließlich auf Baugruppen in SMD-Technik und konzentrieren sich auf den Prozeß des Ablötens nach DIN 8591 Teil 3 /11/. Auf mischbestückte Baugruppen, die in der derzeitigen technologischen Übergangsphase häufig vorzufinden sind, können die Entwicklungen teilweise übertragen werden. Es muß jedoch im Einzelfall geprüft werden, ob nicht Störkonturen bedrahteter Bauelemente die Zugänglichkeit zu den aufgrund ihrer geringen Höhe tiefer liegenden SMT-Bauelementen verhindern.

1.2 Zielsetzung und Vorgehensweise

Bezüglich der Automatisierung des Ablötens von SMT-Bauelementen besteht erheblicher Entwicklungsbedarf. Für diesen Vorgang sollen Verfahren und Werkzeuge erarbeitet werden, mit denen unterschiedliche Bauelementgehäusetypen rüstflexibel und unter Beachtung der von den Bauelementherstellern angegebenen Grenzwerte für die Lötwärmebeständigkeit zerstörungsfrei abgelötet werden können. Der Arbeitsbereich für die Prozeßparameter soll in allgemein gültiger Form bestimmt werden und so die anwenderspezifische Konfiguration eines solchen Systems erlauben. Schließlich soll ein prototypisches Gesamtsystem vorgestellt werden, in dem ein kompletter Reparaturvorgang durchgeführt werden kann.

Ausgehend von der Aufnahme des Ist-Zustandes bei bestehenden Reparaturarbeitsplätzen soll ein Anforderungsprofil für das zu konzipierende, automatische Reparatursystem herausgearbeitet werden. Dazu werden in einem ersten Schritt Werkstücke und charakteristische Arbeitsabläufe analysiert und der sich gegenüber dem Stand der Technik ergebende Entwicklungsbedarf aufgezeigt.

Über die Darstellung der für den Wärmeübergang relevanten thermodynamischen Zusammenhänge sollen die Prozeßgrößen ermittelt werden, von denen der Wärmeeintrag in den Bauelementkörper abhängig ist. Dessen Minimierung ist ein wichtiges Auslegungskriterium für die zu entwickelnden Verfahren und Funktionsmodule.

Die Übertragbarkeit von Vorgehensweisen und Einrichtungen aus der manuellen Reparatur auf die automatisierte Demontage von SMT-Bauelementen ist nur bedingt gegeben. So werden Modifikationen dieser Reparaturtechnologie entwickelt, die eine Erhöhung des Automatisierungsgrades zulassen. Darüber hinaus sollen weitere, in der manuellen Reparatur bisher nicht angewendete Möglichkeiten erschlossen werden, Bauelemente automatisch abzulöten.

Für die sich daraus ergebenden Entwicklungsschwerpunkte werden alternative Lösungskonzepte gegenübergestellt und bewertet. So lassen sich für die bestgeeigneten Konzepte Verfahren entwickeln und Detailkonzeptionen anfertigen. Für mögliche Konfigurationen des Reparaturbereiches werden Lösungsvarianten erarbeitet.

Die Reparatur beinhaltet neben der Fehlereingrenzung und dem Ablöten des defekten Bauelementes noch weitere Schritte (<u>Bild 1.2</u>). Für einen vollständigen Ablauf müssen diese in das System integriert und sowohl der Informations- als auch der Materialfluß auf einen bedienerfreien Betrieb ausgerichtet werden.

In einer realisierten Pilotanlage werden ausgewählte Reparaturvorgänge erprobt und Einsatzmöglichkeiten und -grenzen festgestellt. Die Leistungsfähigkeit und Taktzeiten werden dort ebenfalls ermittelt.

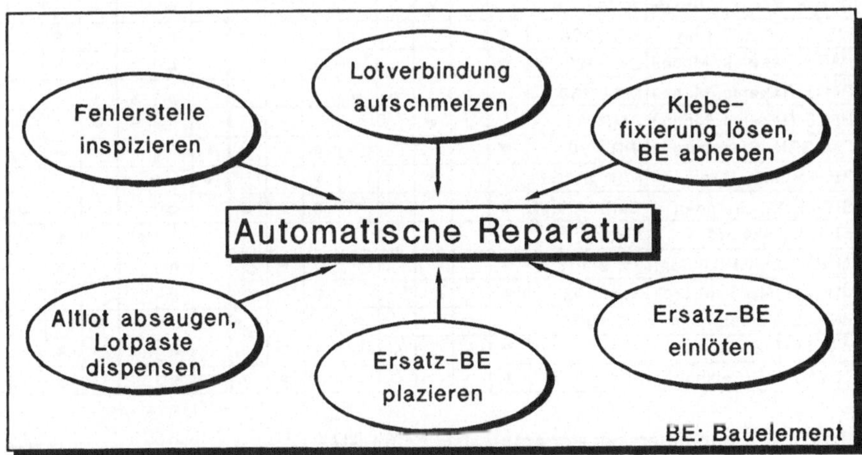

<u>Bild 1.2:</u>   Teilfunktionen in der automatischen Reparatur

2 Stand der Technik in der Reparatur elektronischer Baugruppen

2.1 Fertigungseinrichtungen und Verfahren

Die Reparatur von Baugruppen in Oberflächenmontagetechnik ist von Forderungen
nach Flexibilität, hoher Qualität und Wirtschaftlichkeit geprägt /12...14/. Nur durch
Zusammenfassen der Arbeitsgänge Ablöten, Altlot entfernen, Lotpaste aufbringen,
Bestücken und Einlöten an einem multifunktionalen Arbeitsplatz ist effektives Reparieren möglich. Dementsprechend ist die überwiegende Anzahl der am Markt ver-
fügbaren Reparatursysteme mit Werkzeugen ausgestattet, die eine Komplettreparatur ermöglichen (Bild 2.1). Abhängig von Integrationsgrad und Umfang der Bedien-
erführung lassen sich tischgestützte Halbautomaten /15/, mobile Kombistationen /16/
und Handwerkzeuge unterscheiden.

Legende:
- ● zutreffend
- ○ Option
- ●* Schutzgasatmosphäre möglich

BE: Bauelement

Hersteller	Typ	Halbautomat	mobile Kombistation	Handwerkzeuge	Lotabsaugung	Lot-Dispenser	Vorheizung	Stereomikroskop	Bildverarbeitung	Infrarot	Heißluft	Bügel	rein manuell	mech. Hilfsmittel	halbautomatisch
ERSA, Wertheim	ESS 8000	●			○	○	○				●*			●	
ERSA, Wertheim	SMD 1500			●								●	●		
FRITSCH, Kastl	LM 901.502	●			○	●			○		●			●	
LEISTER, CH/Kägiswil	Hot-Jet			●							●		●		
Edsyn, Kreuzwertheim	1032			●							●		●		
MULTI COMP., Nbg.	HG 7900	●							●		●			●	
PACE (Tekelek, Mchn.)	Craft-25 E	●					○	○	○		●*			●	
PACE (Tekelec, Mchn.)	MBT 250		●		●	●					●	●	●		
PACE (Tekelec, Mchn.)	SMR-25			●								●	●		
PAGGEN, Starnberg	IRR 650	●					●			●				●	
PB-Technik, Hanau	PDR 1500			●			●			●				●	
SIEMENS, Erlangen	SMD-Arb.pl.	●				●	●	●	●		●				●
SRT, GB/Westford	Micro Place 1000	●									○	○		●	
TURICUM, CH/Obfldn.	TC 9.203	●				●	○	●			●			●	
UNGAR, GB/Shefford	SM 1002	●					●	○	○		●			●	
WELLER, Besigheim	AG 701 S		●			●					●*			●	
WELLER, Besigheim	PPS	●			○	○	●	○			●			●	
ZEVAC, CH/Selzach	DR2 22	●			○		○	●	○		●*			●	

Bild 2.1: Marktübersicht Reparatursysteme für SMT

Sie sind durch folgende Merkmale gekennzeichnet:

❑ Halbautomaten bauen auf einer Grundplatte auf, in die die Leiterplattenaufnahme integriert ist. Um die Prozeßzeit für das Erwärmen der Fehlerstelle abzukürzen, werden dort Vorwärmeinrichtungen eingebaut. Halbautomaten verfügen über eine Positionierhilfe in Form eines justierbaren xy-Tisches oder über einen Manipulatorarm. Der Positioniervorgang wird mit visueller Kontrolle durchgeführt, die durch ein Stereomikroskop oder durch ein Bildverarbeitungssystem erleichtert wird /17/. Der Reparaturablauf kann durch eine Mikroprozessorsteuerung unterstützt werden, in der vom Benutzer definierte Parameterdateien hinterlegt sind, die die Dauer und die Einstellwerte für einzelne Arbeitsschritte enthalten /18...21/. Muß die Lot-Aufschmelzeinrichtung auf einen anderen Bauelementgehäusetyp umgerüstet werden, so wird dies vom Benutzer durch Verstellen des Werkzeuges oder einen Werkzeugwechsel bewerkstelligt. Die Feinjustierung nach dem Umrüsten wird ebenso manuell vorgenommen. Erweiterte Systeme (z.B. Siemens SMD-Arbeitsplatz) verfügen über ein Werkzeugmagazin, in dem die Werkzeuge auf einem Revolverkopf angeordnet sind und in den Arbeitsraum eingeschwenkt werden können, ohne jedesmal justiert werden zu müssen.

❑ Mobile Kombistationen bestehen aus einem Baukasten der benötigten Komponenten Leiterplattenhalterung, Wärmequelle mit kleiner Wirkfläche für die Vorwärmung der Leiterplattenunterseite, Ablötwerkzeug mit Wechseleinsätzen und integriertem Bauelementegreifer, Absauggriffel für Altlot und Dispenser für Lotpaste. Die Komponenten der mobilen Kombistation sind auch für den ambulanten Einsatzfall ausgelegt und deshalb leicht zu transportieren. Sie werden vom Benutzer frei im Arbeitsraum angeordnet. Je nach Ausstattungsgrad steht eine Ablaufsteuerung oder eine einfache Positionierhilfe zur Verfügung /22/.

❑ Handwerkzeuge sind autarke Funktionsmodule, die vom Benutzer selbst zu einem Reparaturplatz konfiguriert werden müssen. Sie verfügen nicht über Schnittstellen zu benachbarten Modulen oder eine zentrale Steuerung. In Folge ihres einfachen Aufbaus sind sie für komplexe Reparaturen an vielpoligen Bauelementen oder an Bauelementen mit sehr feinem Rasterabstand (Fine Pitch) nicht geeignet. Der Umgang mit dieser Kategorie von Reparatureinrichtung erfordert Geschick und einen hohen Erfahrungsschatz seitens des Bedieners.

Die Taktzeit bei den etablierten Verfahren hängt vom Bauelementgehäusetyp ab /23, 24/. Sie ist, bedingt durch die individuelle Vorgehensweise und die geringe Wiederholrate eines Fehlers, starken Schwankungen unterworfen. Umrüstzeiten stellen dabei den Hauptanteil dar. Der durchschnittliche Wert für Komplettreparaturen liegt bei fünf bis zehn Minuten.

Bei der Konzeption einer automatisierten Reparaturstation und deren Einbindung in die Fertigungsumgebung muß der fertigungsbezogene Informationsfluß betrachtet werden /25/. Die relevante Fehlermeldung durch das Testsystem /26/ liegt entweder als Fehlerprotokoll in Klartext /27/ vor oder wird papierlos /28/ an ein Terminal am Reparaturplatz weitergegeben, wo sie über die Seriennummer der Baugruppe zugeordnet werden kann. Weiterentwickelte Systeme sind zudem in der Lage, den Fehlerort über einen Lichtpunkt auf der Leiterplatte zu markieren /12, 29/. Darüber hinaus stehen dem Reparateur statistische Informationen über Fehlerursachen bei zurückliegenden Reparaturen an Baugruppen dieses Typs zur Verfügung.

1987 wurde ein Prototyp einer automatischen Reparaturstation für SMD-Technik vorgestellt /30/, mit dem mittels Industrieroboter und Wechselwerkzeugen eine Komplettreparatur durchgeführt werden sollte. Die Ablötung wurde mit einem werkzeugseitigen Formlötkolben vorgenommen, für das Einlöten des Ersatzbauelementes wurde ein Nd:YAG-Lasergriffel eingesetzt. Die Werkzeuge haben sich jedoch im Versuchsbetrieb nicht bewährt, da die Umrüstflexibilität zu gering und das Spektrum auszulötender Bauelementgehäuse stark eingeschränkt war. Aufgrund von Wirtschaftlichkeitsüberlegungen wurde das Projekt eingestellt.

2.2 Ablöten von SMT-Bauelementen

Für die Wärmeeinbringung in die Lötstelle kommen drei, sich in ihren technischen Merkmalen wesentlich voneinander unterscheidende Übertragungsarten zur Anwendung (Bild 2.2). Bei der konvektiven Erwärmung der Lötstellen wird die Temperaturerhöhung durch die Wärmeabgabe eines Gases (Umgebungsluft oder Schutzgas) herbeigeführt /23, 31...33/.

Des weiteren existieren am Markt Geräte, die die Wärme durch thermische Strahlung übertragen. Das Licht eines Infrarotstrahlers wird durch Blendenpaare an die Größe der zu erwärmenden Fläche angepaßt /33...35/. Der Wärmeeintrag findet dabei jedoch überwiegend über das Bauelementgehäuse selbst statt, das durch seine dunkle Farbe die Strahlung sehr gut absorbiert. Dieser Nachteil wird bei Infrarot-Formstrahlern vermieden, die nur im Bereich der Bauelementanschlußdrähte Heizelemente aufweisen. Die Umrüstung auf einen anderen Gehäusetyp erfolgt durch Werkzeugwechsel. Von Untersuchungen mit einem oszillierenden Laserstrahl wurde in /36/ berichtet, konkrete Ergebnisse liegen jedoch nicht vor, und ein System dieser Art wurde nicht vorgestellt.

Entlötverfahren	Infrarotlöten	Heißgaslöten	Bügel-/Stempellöten
Wärmequelle	Infrarotstrahlung	Heißgas	Heizelement
Wärmeübertragung	thermische Strahlung	Konvektion	Wärmeleitung
Beanspruchung des Bauelements	thermisch	thermisch	thermisch/ mechanisch
Anpassung an das Bauelemente-gehäusespektrum	1. zentrale Strah-lungsquelle mit Verstelloptik 2. Formstrahler	1. bewegte Universaldüse 2. Formdüse	1. bewegter Universalkolben 2. Formbügel

<u>Bild 2.2:</u>   Konventionelle Wärmequellen für Ablötungen

Konduktive Wärmeübertragung findet beim Bügel- oder Stempellöten statt. Eine im Vergleich zur Lötstelle große thermische Masse wird auf 350...450°C erwärmt und mit den Anschlußdrähten des Bauelementes in Berührung gebracht. Dabei fließt ein hoher Wärmestrom /37...40/. Impulslöten ist eine Modifikation dieses Verfahrens, bei dem die thermische Masse minimiert und bei großer Heizleistung eine Temperatur-änderung so schnell ausgeführt werden kann, daß der Prozeß geregelt abläuft. Durch die hohe Temperatur der Bügel ist eine Überhitzung der Leiterplatte jedoch nicht auszuschließen. Dies führt zu Brandstellen und Delaminierungen.

Die Wärmeeinbringung in das Bauelementgehäuse darf in keinem Fall eine thermi-sche Schädigung hervorrufen /13, 23/. Ein Teil der am Markt befindlichen Systeme trägt dieser Forderung durch die Abschirmung des Bauelementkörpers vor Wärmeeinwirkung Rechnung /41/. Darüber hinaus kann durch den unmittelbaren Kontakt zwischen Bauelementgehäuse und Abschirmeinrichtung sogar eine Kühlwirkung erreicht werden /32, 42/. Die Temperatur an der Wirkstelle wird über ein Strahlungsthermometer aufgenommen und dem Bediener ständig angezeigt /37/. Bei konduktiver Wärmeübertragung sind Temperaturmeßfühler in den Bügel integriert.

Das Umrüsten auf die unterschiedlichen Bauelementgehäuseformen und -abmessungen sowie auf die Konfiguration der Anschlußdrähte wird mittels Einzweckeinrichtungen in Verbindung mit einem Wechselsystem /21, 22/ oder über Verstellmechaniken realisiert /18, 43/. Ist, bedingt durch vorangegangenes Wellenlöten, zusätzlich eine Klebeverbindung am Bauelement zu lösen, so wird dies durch indirekte Erwärmung der Klebestelle in Verbindung mit Einleitung einer Lösekraft bewerkstelligt /13, 44/.

Die Festigkeitseigenschaften der eingesetzten Klebstoffe sind so ausgelegt, daß diese einer begrenzten Wärmebelastung standhalten. Die unter dem Bauelement liegende Verbindungsstelle wird bei den thermisch instationären Verhältnissen im Lötbad erst mit zeitlicher Verzögerung erwärmt und kann so das Bauelement bis zum Erstarren des Lotes ausreichend fixieren. Für den Reparaturvorgang wird die Reduzierung der Festigkeitswerte oberhalb der Glasübergangstemperatur genutzt /45/. Eine ausreichende Vorwärmung ist dafür unerläßlich.

SMD-Klebstoffe weisen unterhalb der Glasübergangstemperatur Festigkeitswerte auf, die in grober Näherung als konstant bezeichnet werden können. In der Nähe der Glasübergangstemperatur verändern sich die Eigenschaften sehr stark, und oberhalb dieses Wertes sind die Festigkeiten auf beinahe konstantem Niveau gering /46/. Ist die Klebefixierung aufgebrochen, wird das Bauelement dann mittels Pinzette oder mit Hilfe eines Vakuumsaugers von der Leiterplatte abgehoben.

Bedingt durch die ständig fortschreitende Höherintegration bei elektronischen Schaltungen innerhalb eines Bauelementes nimmt die Zahl der Anschlüsse ständig zu /18, 47, 48/. Die als Folge immer kleiner werdenden Rasterabstände (Fine-Pitch-Technik) zeigen die Grenzen der manuellen Reparatur auf /18, 49/. In einer Studie mit dem Titel "SMT/Fine Pitch Users" /48/ wird ein steigender Bedarf an Systemen für diese Kategorie von Bauelementen festgestellt. Anwender mit hohen Stückzahlen sind demnach mit dem Stand der Technik nicht zufrieden.

3   Analyse der Baugruppenreparatur

3.1   Fehlerklassifizierung und Fehlerhäufigkeiten

In einer bei 18 Elektronikherstellern durchgeführten Umfrage wurden Fehler an insgesamt 376 Baugruppen, die vom Testsystem als n.i.O. klassifiziert wurden, ausgewertet (Bild 3.1). Über alle produzierten Baugruppen und das gesamte Produktspektrum hinweg ergab sich eine Ausfallrate von 19 Prozent.

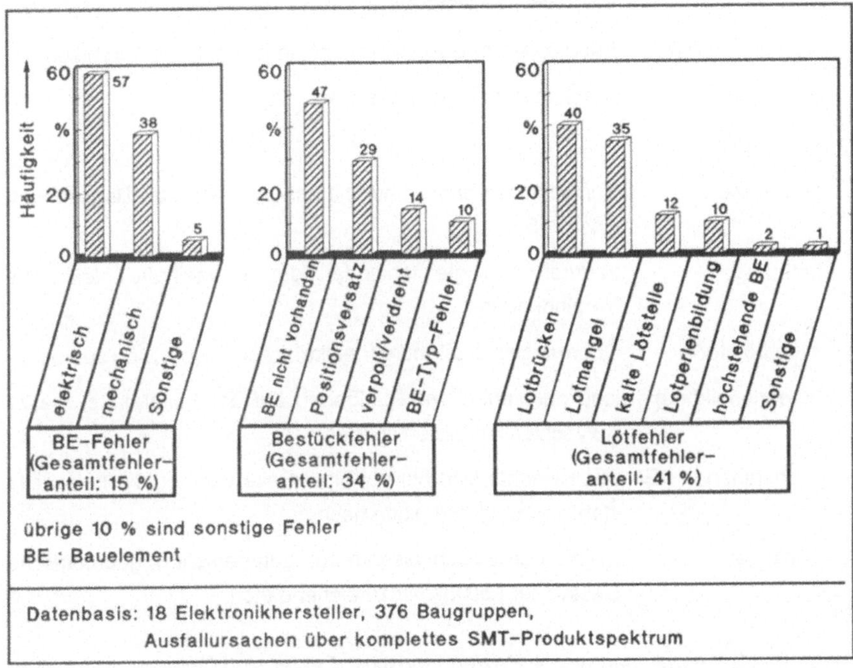

Bild 3.1:   Fehlerhäufigkeiten und Hauptursachengebiete

Die in Bild 3.1 verwendeten Begriffe bedeuten im einzelnen:

❑ BE-Fehler:

     elektrisch: elektrischer Defekt oder außerhalb des zulässigen Toleranzbandes liegende elektrische Werte, mechanisch: Risse, Bruchstellen, Ausbröckelungen oder außerhalb der zulässigen Toleranzen liegende Abmessungen,

Sonstige: Kennzeichnungsfehler, anhaftende Fremdstoffe etc.

❑ **Bestückfehler:**

BE nicht vorhanden: Bauelement wurde nicht bestückt oder hat sich beim Transport oder im Lötbad gelöst,

Positionsversatz: Bestückposition liegt außerhalb der zulässigen Toleranz (in x-, y- oder θ-Richtung),

verpolt/verdreht: Bauelement in exakter Position, jedoch falscher Drehlage,

BE-Typfehler: falsches Bauelement bestückt.

❑ **Lötfehler:**

Lötbrücken: Kurzschlüsse durch Lotanhäufungen zwischen Bauelement-Anschlußdrähten,

Lotmangel: dadurch bedingte fehlende oder mangelhafte elektrische Verbindungen,

kalte Lötstelle: Übergangswiderstand der elektrischen Verbindung zu hoch,

Lotperlenbildung: lose oder anhaftende Lotperlen auf der Leiterplatte, die zu Kurzschlüssen führen können,

hochstehende BE: Bauelemente sind nur auf einer Seite verlötet, die freie Seite steht von der Leiterplatte hoch,

Sonstige: stofffremde Einschlüsse im Lot, Lotüberschuß, geometrische Gestalt der Lötstelle unzureichend etc.

Die in Bild 3.1 verbleibenden 10 Prozent sonstiger Fehler sind Defekte an der Kupferkaschierung der Leiterplatte (Kurzschlüsse, Leiterbahnunterbrechungen) oder Risse und Bruchstellen im Basismaterial.

Die Arbeitsschrittfolge für den Reparaturablauf steht mit der jeweiligen Fehlerursache in Zusammenhang und ist zur Verfahrensentwicklung für die genannten Fehlerarten von Bedeutung (Bild 3.2). Parallel zu den aufgelisteten Arbeitsschritten ist eine ständige visuelle Kontrolle und während der Aufheiz- bzw. Abkühlphase die Überwachung der Temperatur an der Wirkstelle erforderlich.

Legende:
- ■ immer erforderlich
- □ fehlerabhängig
- BE : Bauelement

Arbeitsschritt	BE-Fehler		Bestückfehler				Lötfehler				
	BE-Defekt elektrisch	BE-Defekt mechanisch	BE nicht vorhanden	Positionsversatz	verpolt/verdreht	falscher Be-Typ	Lotbrücken	Lotmangel	kalte Lötstelle	Lotperlen	hochstehendes BE
Flußmittel auftragen							■	■	■		
Lot aufschmelzen	■	■		■	■	■	■			■	■
Klebeverbindung lösen	□	□		□	□	□					
BE abheben	■	■		■	■	■					■
BE nacharbeiten		□									
Position korrigieren				■							
Altlot entfernen	■	■	■	■	■	■					■
Lot partiell absaugen							■			■	
Lotpaste auftragen	■	■	■	■	■	■					■
Lot partiell zuführen							□	■	□		
Ersatz-BE aufnehmen	■	■	■	■		■					□
BE bestücken	■	■	■	■	■	■					■
Lotpaste aufschmelzen	■	■	■	■	■	■	■	■	■		■

Bild 3.2: Zuordnung von Fehlerart und Arbeitsschrittfolge

Bauelementfehler, Bestückfehler und Lötfehler lassen sich im Gegensatz zu elektrischen Fehlverbindungen innerhalb der eigentlichen Leiterplatte durch ein partielles Aufschmelzen von Lötstellen, die Demontage von Bauelementen und die anschließende Montage von Ersatzbauelementen beheben /50/, sie sind bauelementbezogen. Wie die Umfrage belegt, stellen diese Fehler 90 Prozent der Gesamtfehler dar.

Nicht bauelementbezogene Fehler erfordern zusätzliche Prüfungen, mit denen der Reparateur die Fehlerstelle orten kann. Die Reparaturen an der Leiterplatte selbst, wie das Durchtrennen eines Kurzschlusses mit dem Fräser oder das Einsetzen eines Reparaturstückes in eine Leiterbahn, sind derart komplex, daß sie für eine Automatisierung nicht in Betracht kommen.

3.2 Analyse des reparaturrelevanten Produktspektrums

Ausgangsbasis für die Definition der Anforderungen an ein zu konzipierendes System ist die Analyse des Werkstückspektrums (Bild 3.3).

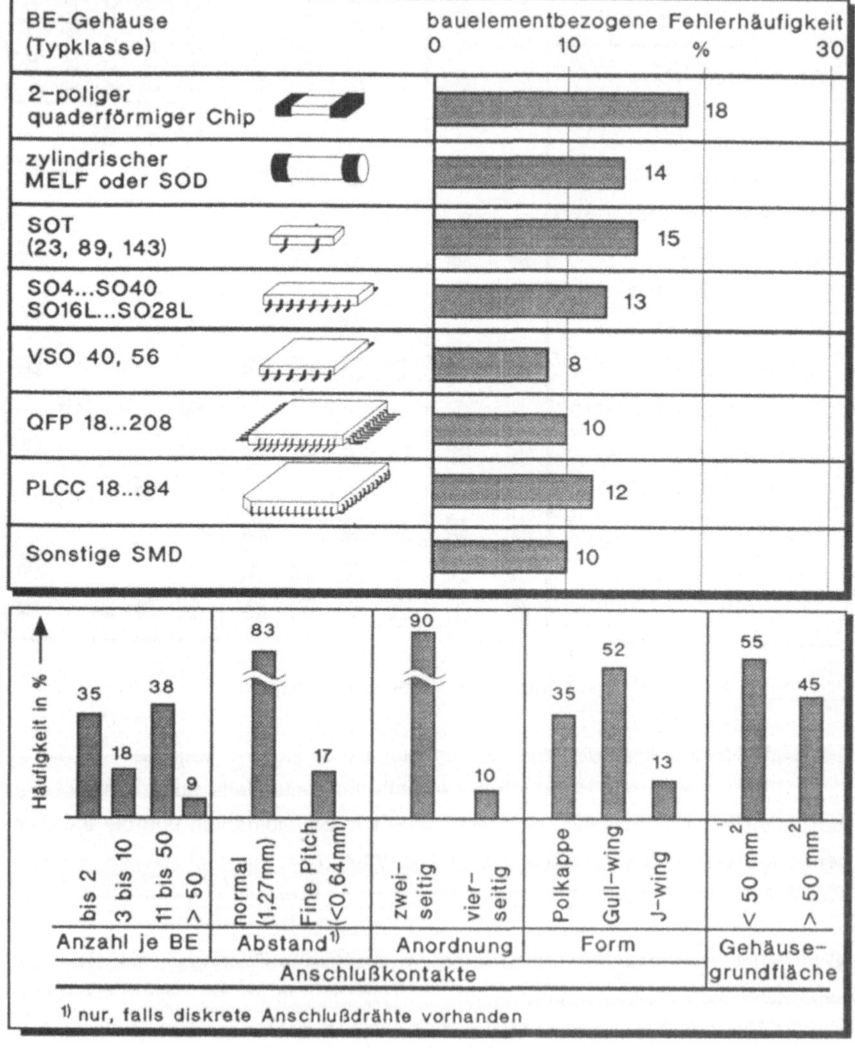

Bild 3.3: Geometrische Merkmale der an Fehlern beteiligten Bauelemente

Untersucht wurden in der genannten Umfrage die

□ Häufigkeit der Reparaturen, bezogen auf den Bauelementgehäusetyp,

□ geometrischen Kenngrößen dieser Bauelemente und Leiterplatten,

□ Merkmalsausprägungen bei den betroffenen Verbindungsstellen.

Thermisch minder empfindliche Schaltungen, wie sie in Gehäusen bis zur Größe SO untergebracht sind, können im Wellenlötbad verlötet werden /9, 51/. Diese Eigenschaft wird bei Baugruppen mit Mischbestückung (konventionelle und oberflächenmontierbare Bauelemente) genutzt, um zusätzlich SMT-Bauelemente auf der Lötseite der Leiterplatte unterbringen zu können. Der Arbeitsschritt "Lösen der Klebefixierung" bleibt somit auf Bauelemente mit geringem Komplexitätsgrad beschränkt.

Die übrigen Bauelemente können nur nach dem Reflowprinzip verlötet werden. Eben dort ist ein Verkleben nicht notwendig, infolgedessen also auch bei einer Demontage kein Lösen erforderlich.

Mengenmäßig wurde in der Umfrage bei jedem dritten der an Fehlern beteiligten Bauelemente eine Klebefixierung ermittelt, 25 Prozent der Leiterplatten sind beidseitig bestückt. Es werden zwei Anforderungsprofile deutlich Bild 3.4.

BE-Gehäuse (Typklasse)			
Mögl. Verarbeitungstechnologie	wellengelötet und geklebt		reflowgelötet (ohne Klebung)
Anzahl Anschlußseiten	zwei		vier
Ausprägung Kontaktflächen	Polkappen	Anschlußdrähte abgewinkelt (Raster = 1,27mm)	Anschlußdrähte abgewinkelt oder J-förmig (Raster < 0,64mm)
Wärmeempfindlichkeit	gering		hoch

Bild 3.4: Charakteristika des Gehäusespektrums und korrespondierende Löttechnologie

3.3 Thermisches Verhalten und Energiebetrachtung an Lötstelle und Bauelement

Die Kenntnis der thermischen Zusammenhänge beim Aufheizen einer Lötstelle ist für die Dimensionierung von Ablöteinrichtungen von besonderer Bedeutung. Da die Wärmeleitfähigkeit der beteiligten Werkstoffe (Leiterbahnen und Anschlußdrähte aus Kupfer) mit 384 W/mK sehr groß ist, muß die Zeit zum Aufschmelzen der Lötverbindungen minimiert werden, so daß das Bauelement thermisch nur gering belastet wird.

Der von der Wärmequelle ausgehende Wärmestrom P_H wird durch den Wärmeübergangswiderstand bzw. die Reflexion beim Eintritt in die Lötstelle abgeschwächt. Die für die Temperaturerhöhung an der Lötstelle zur Verfügung stehende Wärmemenge ist weiter um die Verlustwärme vermindert, die an die Umgebung und die peripheren Bauteile abgegeben wird. Die Teilwärmeströme werden hier auf ein Ersatzmodell reduziert, bei dem eine thermische Masse vom effektiv zugeführten Wärmestrom $\dot{Q}_H$ = const erwärmt wird, wobei der Verlustwärmestrom $\dot{Q}_{ab}(t)$ abfließt. Das System läßt sich regelungstechnisch als PT_1-Glied beschreiben, das zu Beginn der Aufheizphase mit einem konstanten Wärmestrom beaufschlagt wird.

Aus der Energiebilanz über eine Lötstelle (__Bild 3.5__) ergibt sich, daß die zugeführte Wärmemenge Q_H gleich dem Wärmebedarf für das Aufschmelzen Q_{min}, plus der abgeführten Verlustwärme Q_{ab} sein muß. Diese läßt sich nun durch Integration von $\dot{Q}_{ab}$ über die Aufschmelzdauer t_S ermitteln:

$$Q_{ab} = \int_{0}^{t_S} \dot{Q}_{ab}\,dt = \dot{Q}_H \left[t_S - \tau_{BE} \left(1 - e^{-\frac{t_S}{\tau_{BE}}} \right) \right] \qquad (3.1)$$

Die Anteile der abfließenden Wärmeströme an $\dot{Q}_{ab}$ verändern sich während der Aufschmelzphase. Zu Beginn des Ablötens ist die Temperatur aller thermischen Massen auf der Leiterplatte noch T_∞ und damit die Größe der einzelnen Wärmeströme alleine von Wärmeleitfähigkeit und Querschnitt abhängig. Da unterschiedliche Wärmekapazitäten beteiligt sind, erwärmen sich diese aber unterschiedlich schnell. Die Teil-Wärmeströme, die proportional der Temperaturdifferenzen und der Wärmeleitfähigkeiten sind, nehmen dann mit steigender Temperatur des Rezipienten ab.

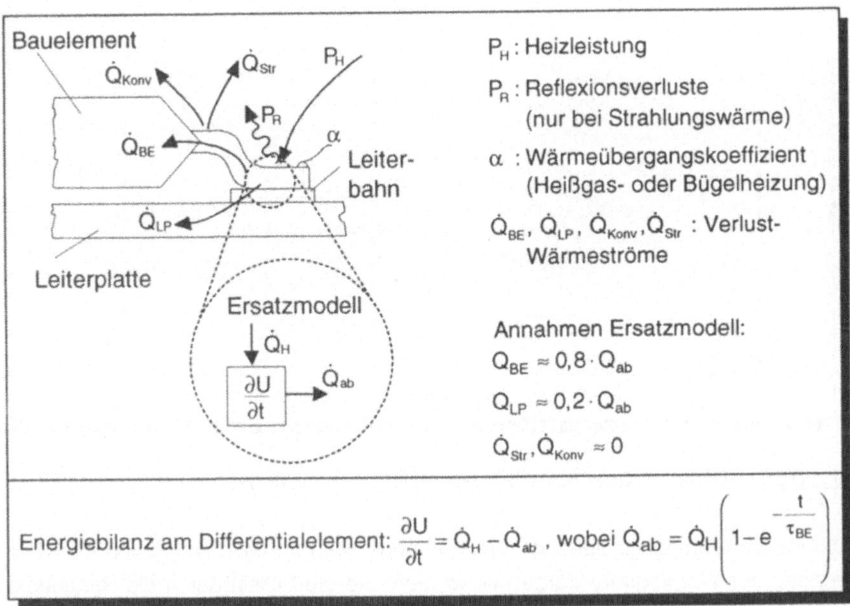

Energiebilanz am Differentialelement: $\dfrac{\partial U}{\partial t} = \dot{Q}_H - \dot{Q}_{ab}$, wobei $\dot{Q}_{ab} = \dot{Q}_H\left(1 - e^{-\frac{t}{\tau_{BE}}}\right)$

<u>Bild 3.5:</u>   Wärmeströme beim Ablöten

Für den konkreten Fall bedeutet dies, daß sich das Bauelement mit seiner im Vergleich zur Leiterplatte und den Leiterbahnzügen geringeren Wärmekapazität rascher erwärmt. Dieses Wärmereservoir ist also schneller angefüllt als das der Leiterplatte, so daß dessen Anteil am Gesamt-Verlustwärmestrom mit der Zeit abnimmt. In <u>Bild 3.6</u> sind diese Verhältnisse qualitativ dargestellt.

Durchgeführte Versuche haben ergeben, daß sich dieses Verhalten jedoch erst ab einer Zeitdauer von $2\tau_{BE}$ bemerkbar auswirkt. Beträgt die Dauer der Aufschmelzphase bis etwa $2\tau_{BE}$ ist die Annahme eines zeitlich gemittelten Wertes von $\bar{k} \approx 0{,}2$ für die Anteile der nicht in das Bauelement fließenden Wärmeströme zulässig. Für ein Bauelement mit n Anschlüssen kann also angesetzt werden:

$$Q_{BE} = \left(1 - \bar{k}\right) \cdot n \cdot Q_{ab} = \left(1 - \bar{k}\right) \cdot n \cdot \dot{Q}_H\left[t_S - \tau_{BE}\left(1 - e^{-\frac{t_S}{\tau_{BE}}}\right)\right] \tag{3.2}$$

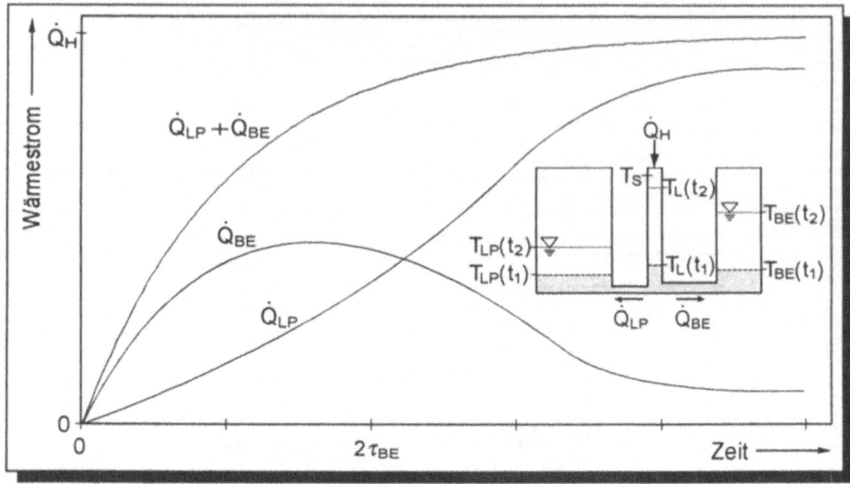

Bild 3.6: Dynamisches Verhalten der abfließenden Wärmeströme

Die ins Bauelement abfließende Wärmemenge soll nun unabhängig von der Heizleistung der Wärmequelle dargestellt werden. Sie muß allein durch die Randbedingung bestimmt sein, daß die Lötstellen innerhalb einer vorgegebenen Zeit von Um-
gebungs- auf Schmelztemperatur erwärmt werden. Das Temperaturverhalten des
PT_1-Gliedes bei Sprunganregung stellt sich folgendermaßen dar:

$$\frac{dT}{dt} = \frac{(T_S - T_\infty)}{Q_{min}} \cdot \dot{Q}_H \cdot e^{-\frac{t}{\tau_{BE}}} \tag{3.3}$$

Mit Integration über der Zeit und der Randbedingung $T(t_S) = T_S$ folgt:

$$T_S = \frac{(T_S - T_\infty) \cdot \dot{Q}_H \cdot \tau_{BE}}{Q_{min}} \cdot \left(1 - e^{-\frac{t_S}{\tau_{BE}}}\right) + T_\infty \tag{3.4}$$

Nach $\dot{Q}_H$ aufgelöst und in (3.2) eingesetzt ergibt sich:

$$Q_{BE} = (1 - \bar{k}) \cdot n \cdot Q_{min} \left(\frac{t_S}{\tau_{BE}\left(1 - e^{-\frac{t_S}{\tau_{BE}}}\right)} - 1 \right) \tag{3.5}$$

Die für die Auslegung des Verfahrens wichtige Obergrenze der Prozeßzeit $t_{Pr\ max}$ hängt ausschließlich von der in das Bauelement eingebrachten Wärmemenge ab. Die Gefahr der Schädigung ist mit Überschreiten des von den Bauelementherstellern angegebenen Wertes für die Lötwärmebeständigkeit gegeben. Die Lötwärmebeständigkeit nach DIN IEC 68 Teil 2-58 /52/ gibt die maximal zulässige Eintauchdauer des SMT-Bauelementes in flüssiges Lot an. Dabei wird von einer Wärmeeinleitung auch über das Bauelementgehäuse ausgegangen.

Die an der Grenze der Lötwärmebeständigkeit aufgenommene Wärmemenge wurde nun in Versuchen kalorimetrisch bestimmt und beträgt für ein SO20L-Bauelement 56J, für ein QFP100-Bauelement 283J und für ein QFP160-Bauelement 425 J. Herstellerabhängig können die zulässigen Werte für die maximale Eintauchdauer und die Lotbadtemperatur variieren. Die Bandbreite reicht von $3\pm0,5s$ bei $270\pm5°C$ (Panasonic) bis 10s bei $270\pm5°C$ (Valvo). Die für die maximale Prozeßzeit ermittelte Beziehung (3.6) kann durch Näherung gelöst werden.

$$\frac{t_{Pr\ max}}{1-e^{-\frac{t_{Pr\ max}}{\tau_{BE}}}} = \left(\frac{Q_{BE\ zul}}{\left(1-\bar{k}\right)\cdot n\cdot Q_{min}} + 1 \right)\cdot \tau_{BE} \tag{3.6}$$

Mit den in Versuchen ermittelten Werten für den Wärmebedarf einer Lötstelle und den jeweiligen Zeitkonstanten (SO20L: 1,5J und 21s; QFP100: 2,3J und 30s; QFP160: 2,3J und 35s) ergeben sich zulässige Prozeßzeiten von 67, 68 bzw. 75 Sekunden. Die Kenntnis dieses Wertes ist für reflowgelötete Bauelemente, bei denen die Erwärmung aufgrund der höheren Anzahl von Anschlüssen länger dauert, von besonderer Bedeutung.

3.4 Automatisierungshemmnisse und Ableitung von Entwicklungsschwerpunkten

Die Analyse weist eine große geometrische Vielfalt bei Bauelementgehäusen aus. Spezifische Charakteristika von wellen- bzw. reflowgelöteten Bauelementen deuten auf die Notwendigkeit zweier unterschiedlicher Verfahren für das Ablöten und die Demontage hin. Die Automatisierungshemmnisse sind im einzelnen:

❏ Drei grundsätzlich verschiedene Formen von Anschlußkontakten und, im Falle diskreter Anschlußdrähte, unterschiedliche Rastermaße bei SMD-Gehäusetypen.

❑ Anschlußdrähte an zwei oder vier Bauelementseiten. Gehäusegrundform zylindrisch oder quaderförmig. Kantenlänge kann zwischen einem und 40 Millimetern schwanken.

❑ Variierende Parameter der Lötstellen (Lotmenge, Lotzusammensetzung, Reflexionsverhalten) bewirken eine ungewollte Schwankungsbreite bezüglich des Aufschmelzverhaltens.

❑ Hohe Bestückdichte und/oder bedrahtete Bauelemente auf derselben Leiterplattenseite sowie Störkonturen durch elektromechanische Bauelemente (z.B. Relais) schränken den Bauraum für Verstellelemente an den Reparaturwerkzeugen in Leiterplattennähe stark ein. Die Lötstelle kann gegebenfalls schräg von der Seite auf optischem Wege (Strahlungswärme) nicht erreicht werden.

❑ Losgröße 1 ist bei Leiterplattenreparaturen die Regel. Umrüstzeiten können nicht auf mehrere Reparaturen umgelegt werden.

❑ Dreizehn unterschiedliche Arbeitsschritte, die annähernd frei kombinierbar sein müssen und jeweils spezifische Werkzeuge erfordern. Hinzu kommen Positioniervorgänge und Verfahrbewegungen.

Um eine automatische Reparatur von SMT-Baugruppen zu ermöglichen, müssen Konzepte entwickelt werden, die dem in der Analyse aufgezeigten Flexibilitätsbedarf Rechnung tragen. Für einen universellen Einsatz in anwenderspezifisch konfigurierten Bestücklinien müssen alle Teilsysteme baukastenartig zu einem multifunktionalen Reparatursystem zusammengestellt werden können.

Die Grenzwerte für die Lötwärmebeständigkeit erfordern die Entwicklung eines Verfahrens zur Vorbestimmung der benötigten Mindest-Heizleistung für Bauelemente ab 50 mm² Grundfläche (reflowgelötete Bauelemente). Soll die Taktzeit darüber hinaus verkürzt oder der Wärmeabfluß in das Bauelement weiter reduziert werden, so ist eine Rechenvorschrift für die Abschätzung der zu erwartenden Prozeßzeit bei erhöhter Leistung notwendig.

Aus der Analyse der Arbeitsschritte in der manuellen Reparatur und der in der VDI-Richtlinie /53/ festgelegten Gliederung der Handhabungsfunktionen ergibt sich die Zuordnung von Teilfunktionen zu Teilsystemen (<u>Bild 4.1</u>). Sie bildet die Grundlage für die systematische Auflistung von Lösungsalternativen.

<u>Bild 4.1</u>:   Zuordnung von Teilfunktionen und Teilsystemen

Unter Basisteilen werden hier bestückte Leiterplatten verstanden. Fügeteile sind elektronische Bauelemente, die demontiert werden, aber auch Ersatz-Bauelemente, die an Stelle von defekten Bauelementen eingelötet werden. In der Grafik sind Hilfs- und Betriebsstoffe nicht explizit aufgeführt. Hier wird in erster Linie Weichlot angesprochen, das bevorratet, zugeführt und dosiert werden muß.

Teilsysteme für die Systemsteuerung und die Datenübertragung werden in der Konzeption nicht weiter berücksichtigt, da sie mit dem Stand der Technik realisiert werden können. Für die anderen Teilsysteme müssen Anforderungen ermittelt werden.

4.1 Anforderungen an das Gesamtsystem

Die Anforderungen an das Gesamtsystem und an die Schnittstellen zu benachbarten Teilsystemen sind in Bild 4.2 zusammengefaßt.

Anforderungen an das Gesamtsystem

- **Produktflexibilität: Reparatur unterschiedlicher elektronischer Baugruppen bei**
  - unterschiedlichen Leiterplattenabmessungen
  - ein- oder beidseitiger Bestückung

- **Technologieflexibilität: Reparatur von reflow- und wellengelöteten Bauelementen in einem System**

- **Komplettreparatur mit den Arbeitsschritten Ablöten, Lotabsaugung, Lotpastenauftrag, Ersatz-Bauelement bestücken**

- **Ablaufflexibilität bei der Kombination der Teilfunktionen**

- **Geringer Anteil aufgaben- und typenspezifischer Werkzeuge**

- **Modularer Aufbau aus einem Baukasten von Teilsystemen**

- **Einbindung in einen CIM-Verbund, insbesondere Ankopplung an CAD und ICT**

Bild 4.2: Anforderungen an das Gesamtsystem

4.2 Anforderungen an die Teilsysteme

Bereitstellungssysteme müssen die folgenden Anforderungen erfüllen:

❑ Umrüstflexibilität bezüglich Leiterplattenabmessungen,

❑ Bereitstellung ausgewählter Bauelementtypen, über das zu reparierende Baugruppenspektrum hinweg, in geringen Stückzahlen (z.B. je fünfzig Ersatzbauelemente). Die Bauelementmagazine (Stangenmagazine) sollen übereinander, in mehreren Ebenen, im Arbeitsraum angeordnet werden.

Mit dem Handhabungssystem muß die Position des defekten Bauelementes programmiert angefahren werden können. Für die Altlotabsaugung und den Lotpastenauftrag muß zwischen Baugruppe und Werkzeug eine Relativbewegung in Form einer vorgegebenen Bahn ermöglicht werden können. Programmierte Bereitstellungspositionen der Fügeteile müssen angefahren werden können. Die Positioniergenauigkeit des Handhabungssystems muß kleiner oder gleich ± 0,1 Millimetern sein.

4.2.1 Funktionsmodul zum Ablöten wellengelöteter Bauelemente

In Bild 4.3 sind die Anforderungen detailliert.

Anforderungen an ein System zum Ablöten wellengelöteter Bauelemente

- Ablöten von SMT-Bauelementen mit 2 Anschlußseiten und 2 bis 40 Anschlüssen

- Ablöten von Bauelementen mit Polkappen oder abgewinkelten (Gull-wing-) Anschlüssen

- Ermöglichen des gleichzeitigen Aufschmelzens aller Lötstellen

- Ausschließen thermischer oder mechanischer Beschädigung des Bauelementes und peripherer Komponenten beim Ablöten

- Einstellen der Wärmestromdichte über abgespeicherte Parameter

- Integrationsmöglichkeit für Aktoren zum Lösen der Klebefixierung und Greifen zylinder- oder quaderförmiger Bauelemente

- Schwankungsbreite der Anschlußdrahttemperaturen maximal 10°

- Minimierung der Trägheitseffekte bei Veränderung der Heizparameter, maximale Umrüstzeit 30 Sekunden

- Werkzeugbedingte Störkontur darf bis zu einer Höhe von 10 mm über der Leiterplatte, das Bauelementgehäuse um max. 10 mm überragen

- Wiederholfrequenz bei sequentieller Erwärmung der Anschluß- drähte von mindestens 1 Hz

---

Bild 4.3:   Anforderungen zum Ablöten wellengelöteter Bauelemente

4.2.2 Funktionsmodul zum Lösen der Klebefixierung bei wellengelöteten Bauelementen

Die Anforderungen gehen aus Bild 4.4 vollständig hervor.

**Anforderungen an ein System zum Lösen der Klebefixierung
und zum Abheben**

- **Keine mechanische Beschädigung von Bauelement oder Leiterplatte**

- **Integrierbar in Modul zur Wärmeeinbringung**

- **Selbsttätige Anpassung an die in der Analyse ermittelten Bauelement–Gehäuseformen**

- **Rückwirkungskräfte auf die Leiterplatte maximal 10 N in horizontaler und 5 N in vertikaler Richtung**

- **Minimale Baugröße, um Kollision mit Störkonturen benachbarter Bauelemente zu vermeiden**

- **Verschiebeweg beim Lösen eines Bauelementes maximal 1 mm**

- **Verdrehung maximal 10°**

- **Prozeßdauer für das Lösen der Klebefixierung maximal 1 Sekunde**

- **Erkennung von Prozeßfehlern**

Bild 4.4:   Anforderungen beim Lösen wellengelöteter Bauelemente

4.2.3 Funktionsmodul zum Ablöten reflowgelöteter Bauelemente

Oberste Priorität bei den Anforderungen an ein Funktionsmodul zum Ablöten reflowgelöteter Bauelemente (Bild 4.5) hat die Einhaltung der Grenzwerte für die Lötwärmebeständigkeit. Der Ablötvorgang soll deshalb temperaturgeregelt werden. Gegenüber wellengelöteten Bauelementen ist die zu erwärmende Fläche bei reflowgelöteten Bauelementen um bis zum sechsfachen größer, woraus entsprechende Leistungswerte der Heizeinrichtung resultieren müssen.

Anforderungen an ein System zum Ablöten reflowgelöteter Bauelemente

- Ablöten von SMT-Bauelementen mit bis zu 4 Anschlußseiten

- Simultanes Aufschmelzen von Lötverbindungen bei Bauelementen mit einer Kantenlänge bis zu 40 mm

- Anwendbarkeit des Verfahrens für Polkappen, abgewinkelte oder j-förmige Anschlüsse, unabhängig vom Rastermaß

- Thermische Belastung des Bauelementes unterhalb des zulässigen Grenzwertes für die Lötwärmebeständigkeit nach DIN IEC 68, Teil 2-58

- Unmittelbares Abheben des Bauelementes nach Erreichen der eingestellten Soll-Temperatur

- Minimierung der Trägheitseffekte bei Veränderung der Heizparameter, maximale Umrüstzeit 30 Sekunden

- Werkzeugbedingte Störkontur darf bis zu einer Höhe von 10 mm über der Leiterplatte das Bauelementgehäuse um max. 10 mm überragen

---

<u>Bild 4.5:</u>   Anforderungen an das Teilsystem zum Ablöten reflowgelöteter Bauelemente

4.2.4   <u>Teilsystem zur Ermittlung des Demontagezeitpunktes</u>

Das vollständige Aufschmelzen des Lotes an allen Verbindungsstellen eines reflowgelöteten Bauelementes muß festgestellt werden können, um daraufhin durch die Systemsteuerung den Demontageprozeß unmittelbar einleiten zu können. Die Anforderungen an dieses Teilsystem sind in <u>Bild 4.6</u> zusammengefaßt.

Anforderungen an ein System zur Ermittlung des Demontagezeitpunktes

■ Integrierbarkeit in die Einrichtung für die Wärmeeinbringung

■ Flexibilität in Hinblick auf unterschiedliche Bauelementegeometrien und Anschlußdrahtmuster

■ Die Messung darf durch die Meßeinrichtung nur unwesentlich beeinflußt werden, die gemessene von der tatsächlichen Temperatur um maximal 3° abweichen

■ Die Ansprechverzögerung bei Temperaturänderungen darf maximal 0,5 Sekunden betragen

■ Möglichkeit der Dokumentation der Temperatur–Zeit–Kennlinie für qualitätsrelevante Zwecke

■ Geringe Empfindlichkeit gegenüber Störeinflüssen

Bild 4.6:   Anforderungen an ein System zur Ermittlung des Demontagezeitpunktes

5 Konzeption eines Reparatursystems für SMT-Bauelemente

5.1 Konzeption der Teilsysteme

5.1.1 Wärmeeinbringung zum Aufschmelzen der Lötverbindungen

Das Lösungsspektrum ergibt sich aus der Kombination möglicher Arten der Wärmeeinbringung mit den unterschiedlichen Wärmequellen (Bild 5.1) und den Möglichkeiten der Adaption der Übertragungsglieder an die Bauelementgeometrie.

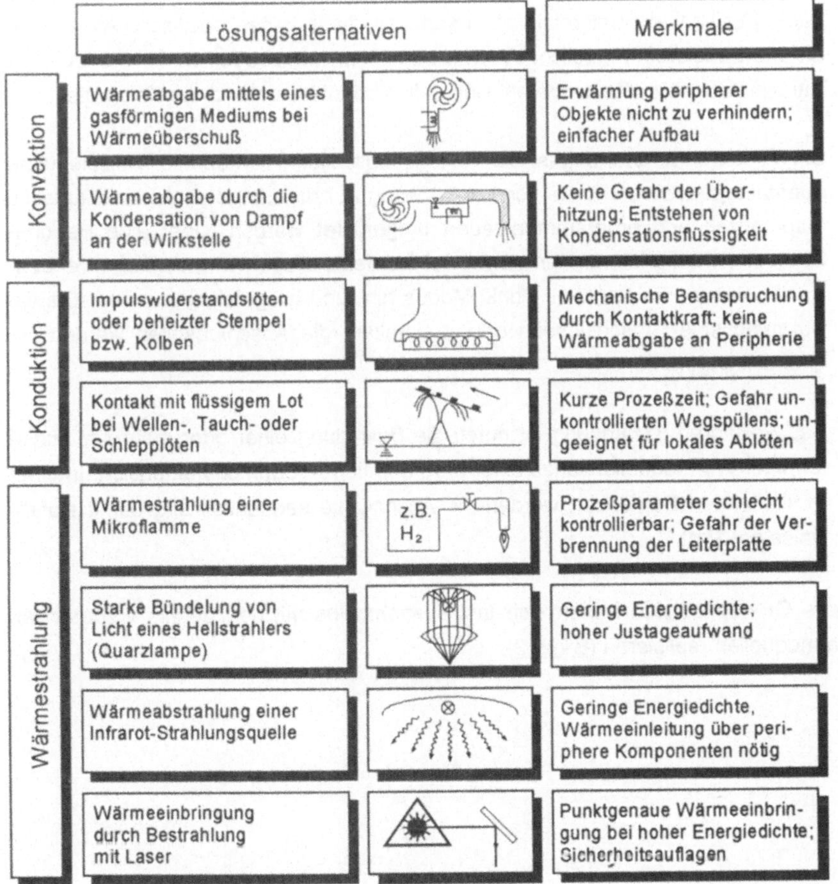

Bild 5.1: Lösungsalternativen für Wärmequellen

Verfahren, wie sie aus dem industriellen Verlöten von Konsumgüterelektronik bekannt sind, können bedingt durch die notwendige Begrenzung der Wirkstelle nur in modifizierter Form eingesetzt werden.

Wird ein gegebenes Anschlußdrahtmuster zugrunde gelegt, so lassen sich unterschiedliche Methoden beschreiben, eine Wärmequelle an dieses Muster anzupassen. Hier wird definiert:

❏ Verfahren 1. Ordnung zeichnen sich durch Stillstand des Werkzeuges während der Aufheizphase aus, wobei alle Anschlußdrähte eines Bauelementes simultan erwärmt werden. Durch die Verstellmöglichkeit linienförmiger Heizelemente und deren Positionierbarkeit relativ zueinander ist die variantenspezifische Anpassung an das Bauelement möglich. Wechselbare Formwerkzeuge, die für die jeweilige Bauelementgeometrie ausgelegt sind, fallen ebenfalls unter diese Kategorie.

❏ Bei Verfahren 2. Ordnung ist die Verstellmöglichkeit linienförmiger Heizelemente ebenfalls gegeben, d.h. sie können in bezug auf die Länge einer Anschlußseite automatisch und programmgesteuert umgerüstet werden. Über eine Handhabungseinrichtung können ein bzw. zwei Elemente dieser Art zwischen zwei bzw. vier Positionen im Punkt-zu-Punkt-Modus hin- und hergefahren werden. Die Erwärmung einer Anschlußseite erfolgt simultan, die Anschlußseiten werden sequentiell angefahren.

❏ Das Verfahren 3. Ordnung ist durch die Bewegung einer oder mehrerer punktförmiger Wärmequellen längs einer programmierten Bahn charakterisiert. In einer oszillierenden Betriebsart werden die Anschlüsse sequentiell und damit stufenweise erwärmt.

Diese Grundprinzipien lassen sich fast ausnahmslos mit den bereits vorgestellten Wärmequellen realisieren (Bild 5.2).

Konzepte für die Anpassung an die BE-Geometrie			
Wärmezuführung an Lötpads	simultan	simultan/ sequentiell	sequentiell
Lösungs- prinzipien / Wärmequelle	1. Ordnung Formwerkzeug stationär	2. Ordnung PTP-Bewegung (linienförmige Wärmequelle)	3. Ordnung Bahnbewegung (punktförmige Wärmequelle)
Heißgas, Heißdampf	■ Formdüse ■ 4Verstellrechen ■ Düsenmatrix	■ Heißgasrechen ■ Schlitzdüse	■ Runddüse ■ Runddüsen- paar
Kolben/Bügel/ Stempel	■ Formstempel	■ gestreckter Heizbügel	■ Kolben (nur 2- polige Bauel.)
Infrarotstrahler, Quarzlampe	■ Blendenpaare ■ Verstelloptik ■ Formstrahler	■ Schlitzblende ■ Verstelloptik	
Laser	■ Formblende ■ Hologramm	■ Zylinderlinse	■ Lichtleiter ■ Ablenkspiegel

<u>Bild 5.2:</u>   Konzepte für die flexible Wärmeübertragung

5.1.2   <u>Bestimmung des Abhebezeitpunktes</u>

Das Abheben des Bauelementes kann entweder zeitgesteuert oder, nach der Feststellung des erfolgten Solidus-Liquidus-Überganges des Lotes, ereignisabhängig eingeleitet werden. Nur bei wellengelöteten Bauelementen ist das Anwenden einer Parameterbibliothek, in der die vom Gehäusetyp abhängige Dauer der Aufheizphase abgelegt ist, zulässig /54/. Reflowgelötete Bauelemente oberhalb der Komplexität SO erfordern die ständige Kontrolle des Abhebekriteriums, um eine unnötige Erwärmung zu vermeiden.

Die in <u>Bild 5.3</u> dargestellten Wirkprinzipien müssen so angewendet werden, daß die Verflüssigung aller Lötstellen garantiert werden kann. Bei den Verfahren 2, 7 und 8 ist dies konzeptbedingt gewährleistet. Für die übrigen ist die ständige Überwachung aller Anschlüsse mit einem hohen technischen Aufwand verbunden. Hinzu kommen, bei Kombination aller notwendigen Teilsysteme in einem Ablötwerkzeug, Zugänglichkeitskonflikte zur Lötstelle.

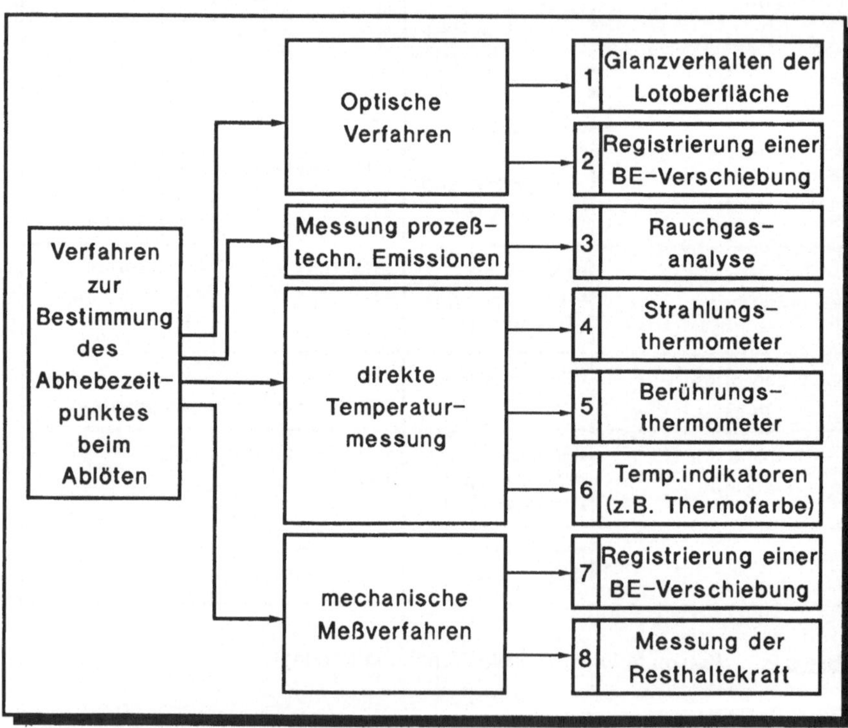

<u>Bild 5.3</u>:   Konzeptalternativen

Wird das Abhebekriterium nur punktuell überprüft, so muß dafür die Kontaktstelle mit dem größten Wärmebedarf ausgewählt werden - gleichmäßige Wärmezufuhr vorausgesetzt. Das Ermitteln deren Position kann aus dem CAD-System heraus erfolgen und hängt von der Fläche des Pads, von der Breite der dorthin führenden Leiterbahn, von der Nähe peripherer Bauelemente sowie von möglichen Unterschieden der Anschlußdrähte des abzulötenden Bauelementes ab. Die Messung an einer anderen als dieser Lötstelle muß mit einem Korrekturwert versehen werden.

Berührende Kontrollverfahren bringen das Risiko einer mechanischen Beschädigung oder der Beeinflussung des Meßergebnisses mit sich. Nur wenn ohnehin ein Kontakt zwischen Werkzeug und Bauelement stattfindet (konduktive Verfahren), ist diese Methode sinnvoll einsetzbar.

5.1.3 Lösen der Klebefixierung bei wellengelöteten Bauelementen

Mögliche Verfahren sind das Abreißen, Abscheren oder Abschälen der Klebeverbindung oder eine Kombination daraus. Die Konzeptalternativen ergeben sich hinsichtlich der Kraftrichtung und des Kraftangriffpunktes sowie der Art der Einleitung der Lösekraft (Bild 5.4). Als Kraftangriffsflächen kommen die Bauelement-Oberseite sowie die anschlußlosen Seitenflächen in Betracht. Die Kraftübertragung kann somit sowohl formschlüssig als auch kraftschlüssig erfolgen. Bedingt durch die stark miniaturisierten Bauelementabmessungen (Gehäusetyp 1210 oder kleiner) ist die Angriffsfläche der Oberseite zu klein, um damit zusätzlich zur Abhebekraft eine vertikale Lösekraft über eine Saugpipette einleiten zu können.

Lösungskonzept / Bewertungskriterium	Vertikalkraft	Vertikalkr. exzentr.	Horizontalkraft	Torsionsbewegung	Ultraschall
Belastungsfall	Zug	Schälen	Scherung	Scherung	Scherung
Bruch- bzw. Ablöseverhalten	duktil	duktil	duktil	duktil	spröd
Betragsmäßige Höhe der Lösekraft	100 %	30 %	90 %	70 %	–
Rückwirkungsgrad auf die Leiterplatte	sehr hoch	mittel	mittel	gering	sehr gering

Bild 5.4: Konzepte zum Lösen der Klebefixierung bei wellengelöteten Bauelementen

Während Klebstoffe bei Schubbeanspruchungen in erheblichem Maße gleiten können, behindern die quasi-starren Werkstücke bei Zugbeanspruchung die Querkontraktion und schränken so die Verformbarkeit stark ein. Folge ist das Auftreten spröder Verformungseigenschaften bei senkrechtem Zug.

Bei Torsionsbelastung kommt nicht unmittelbar der gesamte Querschnitt einer Klebeverbindung·zum Tragen. Wird der Klebstoffpunkt idealerweise als im Querschnitt kreisförmig betrachtet, so versagen zunächst die äußeren Bereiche, wogegen die Verbindung in der Nähe des Mittelpunktes noch besteht. Für die Drehbewegung, die, wie in Versuchen festgestellt, im Mittel etwa 10° betragen muß, ist entsprechender Freiraum um das Bauelement erforderlich. Die Flexibilitätsanforderungen zur Anpassung des Werkzeuges an die Gehäuseform des Bauelementes sind entsprechend deren Vielfalt sehr hoch.

Günstig für das Lösen nehmen sich Schälbeanspruchungen aus. Da die Schälkräfte nicht an einer Klebefläche angreifen, sondern an einer idealisierten Begrenzungslinie der Klebefläche, ist der Schälwiderstand entsprechend niedrig.

Die erarbeiteten Lösungsalternativen setzen eine Vorwärmung der Fehlerstelle auf ca. 100°C voraus, um oberhalb der Glasübergangstemperatur des Klebstoffes arbeiten zu können. Lediglich beim Verfahren des Lösens mit Ultraschall muß die Vorwärmung unterbleiben. Diese Variante basiert auf den spröden Materialeigenschaften des Klebstoffes unterhalb der Glasübergangstemperatur.

5.2 Einsatzbereiche für Ablötsysteme

Anhand von in der Analyse entwickelten Kriterien werden alternative Konzepte bewertet und gegenübergestellt (Bild 5.5). Von den sechs vorgeschlagenen Konfigurationen sind je drei bereits auf die beiden Lötverfahren abgestimmt.

Für wellengelötete Bauelemente weist das Konzept II die höchste Umrüstungsflexibilität bei gleichzeitig geringem Realisierungsaufwand auf. Im Gegensatz zu I unterbleibt die direkte Einleitung eines Wärmestroms in das Bauelementgehäuse. Das System kann so ausgeführt werden, daß in Leiterplattennähe keine Störkonturen vorhanden sind.

Wellengelötete Bauelemente		Reflowgelötete Bauelemente	
I	Infrarotstrahler mit zwei Blendenpaaren und Pyrometer	IV	Lötstempel, wechselbar, mit internem Kontaktthermometer
II	Heißgas-Düsenpaar, bewegt, mit Parametersteuerung	V	Heißgas-Düsenmatrix (selektiv) und Resthaltekraftmessung
III	zwei Heißgasrechen, verstellbar, und Resthaltekraftmessung	VI	Laser mit Ablenkspiegeleinheiten und Pyrometer

Kriterium	Konzept	I	II	III	IV	V	VI
BE-Anschlußseiten	1...2	●	●	●	●	○	●
	3...4	●	—	○	●	●	●
Form der Anschlußkontakte	Polklappen	○	●	○	○	○	●
	Gull-Wing	●	●	●	●	●	●
	J-Wing	○	●	●	●	○	●
Anzahl der Anschlußkontakte	≤ 2	—	●	○	○	○	○
	3...10	●	●	○	●	●	●
	11...50	●	●	●	●	●	●
	> 50	●	—	●	●	●	●
Prozeßzeit	BE-abhängig		●				●
	unabhängig	●		●	●	●	
BE-Beanspruchung	thermisch	●	○	○	○	○	○
	mechanisch				●		
Umrüstung bei BE-Typwechsel durch	wechseln				●		
	verstellen	●	●	●			
	ansteuern			●		●	●
Realisierungsaufwand (geschätzt)		30%	30%	70%	40%	100%	50%

● Einsatz möglich/zutreffend   ○ bedingt möglich   — nicht möglich

<u>Bild 5.5:</u>   Bewertung alternativer Ablötsysteme

Unter den Vorfahren für reflowgelötete Bauelemente wird Konzept VI ausgewählt. Es ermöglicht die berührungsfreie, punktgenaue Wärmeeinbringung an den Anschlußdrähten /55/ und ist bei der Verwendung von marktgängigen Ablenkspiegeleinheiten (Scannern) mit vertretbarem Aufwand zu realisieren.

5.3 Konzeption alternativer Strukturen für den Reparaturbereich

Der Reparaturbereich wird in die automatische und die manuelle Fehlerbehebung untergliedert. Im automatischen System wird nach Möglichkeit komplett repariert, der manuelle Bereich nur in den folgenden Sonderfällen angelaufen:

❑ das Testsystem konnte den Fehler nicht eindeutig identifizieren oder nicht einem Bauelement zuordnen,

❑ der Fehler kann aufgrund mangelnder Zugänglichkeit zum Bauelement nicht automatisch behoben werden,

❑ der Defekt betrifft ein bedrahtetes Bauelement,

❑ am betroffenen Bauelement wurde bereits ein Reparaturversuch unternommen.

Nach erfolgter Reparatur werden die Baugruppen nochmals getestet und können nur mit dem i.O.-Status (fehlerfrei) die Reparaturschleife verlassen. Für den automatisierten Teil des Reparaturbereiches werden, abhängig von Kapazitäts- und Flexibilitätsbedarf, alternative Strukturen konzipiert (Bild 5.6).

5.3.1 Einplatzsysteme

Ein Einplatzsystem beinhaltet alle Funktionsmodule, die für die Reparatur erforderlich sind. Das bedeutet, daß die Ablöteinrichtungen sowohl für reflow- als auch für wellengelötete Bauelemente in einer Station vorhanden sein müssen. Dasselbe gilt für die Ersatz-Bauelemente, die, wenn auch in kleiner Stückzahl, für das gesamte zu reparierende Baugruppenspektrum bereitgestellt werden müssen. Das integrierte Handhabungssystem ist mit einer Wechselvorrichtung zur Aufnahme der unterschiedlichen Werkzeuge ausgestattet. Die Arbeitsschritte werden sequentiell durchgeführt, und im Falle mehrerer Fehler werden diese nacheinander behoben. Durch die Vielfalt der möglichen Arbeitsschritte und der damit korrespondierenden Anzahl an Teilsystemen für die automatische Reparatur werden diese zeitlich schlecht genutzt, was sich nachteilig auf die Wirtschaftlichkeit des Systems auswirkt.

Bewertungs-kriterien \ System-konfiguration	Einplatzsystem	Liniensystem mit n Elementen	Parallelsystem mit n Elementen
Produktflexibilität	mittel	gering	hoch
Nutzungsgrad Teilsysteme [1]	25%	100%	25%
Ausbringung [1]	30 Reparaturen/h	< n x 30 Rep./h	n x 30 Rep./h
Durchlaufzeit je Leiterplatte	100%	> 100%	100%
Indexierungen je Leiterplatte	1	n	1
Verfügbarkeit	V_E	V_E^{n} [2]	$> V_E$
Investitionskosten	100%	< n x 100%	n x 100%

V_E Verfügbarkeit des Einplatzsystems

[1] Geschätzte Werte

[2] Abhängig von der Reichweite der Zwischenpuffer

Bild 5.6: Mögliche Konfigurationen des automatischen Reparaturbereiches

Der Nutzungsanteil der Teilsysteme kann nur erhöht werden, falls der Kapazitätsbedarf die Ausbringung eines einzelnen Systems übersteigt. Wird das Produkt aus mittlerer täglicher Fehleranzahl, Taktzeit und Verfügbarkeit des Systems größer als die täglich mögliche Betriebsdauer, muß ein Mehrplatzsystem eingesetzt werden.

5.3.2   Mehrplatzsysteme für die automatische Reparatur

5.3.2.1   Liniensystem

Aus der Mehrfachanordnung von Einplatzsystemen ergibt sich das Liniensystem. Dabei wird der Bearbeitungsumfang auf die einzelnen Stationen so aufgeteilt, daß die Taktzeit für die Einzelstationen gleich ist. Der Nutzungsanteil der Werkzeuge wird somit erhöht, es steigt aber auch der Aufwand für die Indexierung der Leiterplatten oder der Werkstückträger, die an jeder Bearbeitungsstation durchzuführen ist.

Im Liniensystem ist die Gesamtverfügbarkeit gegenüber anderen Strukturen herabgesetzt. Bei Störung einer Station steht lediglich die Reichweite der Zwischenpuffer bis zum Stillstand der gesamten Linie zur Verfügung.

5.3.2.2 Parallelsystem

Das Parallelsystem ermöglicht die Aufteilung des Kapazitätsbedarfs auf redundante Einzelstationen mit gleichen Arbeitsinhalten oder aber die variantenabhängige Zuweisung von Baugruppen.

❑ Bei der Produktion von Konsumgüterelektronik (geringe Typenvielfalt bei großen Stückzahlen) werden baugleiche Reparaturstationen eingesetzt und so das Kapazitätsangebot vervielfacht.

❑ In der Kleinserienfertigung werden Produkt- oder Teilefamilien nach dem Verfahren der Clusteranalyse gebildet, die in sich homogen und voneinander so verschieden wie möglich sein müssen. Eine Teilefamilienbildung hinsichtlich Reparaturtechnologie führt zu Einsparungen bei den Investitionskosten.

Die Verfügbarkeit des Parallelsystems ist durch die Unabhängigkeit der Einzelstationen höher als die des Einplatzsystems. Der Aufwand für Teilebereitstellung ist gegenüber dem Liniensystem erhöht, da jede Station über einen Eingangs- und Ausgangspuffer verfügen muß.

5.3.3 Vergleich der Gesamtsystemprinzipien

Der Vergleich der aufgestellten Konzepte ergibt einen Vorteil des Parallelsystems gegenüber dem Liniensystem. Der hohe Aufwand für die mehrfach notwendige Indexierung des Werkstückes bei Positioniergenauigkeiten, die gleich oder besser ± 0,1 Millimeter betragen müssen, und die dafür notwendigen Taktzeitanteile verschlechtern die Rentabilität des Systems. Da sich alle Bearbeitungsschritte eines Reparaturvorganges auf dieselbe Position auf der Leiterplatte beziehen, ist die Bearbeitung in einer Aufspannung ausschlaggebend für die Qualität der Reparatur und damit vorzuziehen.

6.1   Aufschmelzen der Lötverbindungen

Das Zuführen von Wärme durch erzwungene Konvektion eines heißen Gases in Verbindung mit einem geeigneten Strömungsführungssystem ermöglicht das selektive Ablöten von Bauelementen. Durch die oszillierende Bewegung einer oder mehrerer Runddüsen längs des Anschlußdrahtrasters wird eine hohe Flexibilität bezüglich der unterschiedlichen Bauelement-Gehäuseformen erreicht. Die formulierten Anforderungen können auf diese Weise erfüllt und formspezifische Werkzeuge somit vermieden werden.

6.1.1   Theoretische und experimentelle Untersuchungen an der ruhenden Einzeldüse

Die in der Heizpatrone an das Gas übertragene Wärme wird über eine freie Strecke von der Austrittsdüse zur Lötstelle transportiert. Aus Gründen der Kollisionsvermeidung zwischen Werkzeug und Werkstück muß die Länge dieser Strecke mindestens 2 mm betragen. Sind Störkonturen durch periphere Bauelemente vorhanden, so kann diese Länge bis auf 10 mm anwachsen.

Der Freistrahl besteht aus einem sich kegelförmig zuspitzenden Kernbereich und einem sich in Strahlrichtung konisch öffnenden Randbereich. Im Kernbereich ist die Strömungsgeschwindigkeit konstant und entspricht der Ausströmgeschwindigkeit in der Düse, im Randbereich sinken Geschwindigkeit und Temperatur durch mitgerissene Umgebungsluft (Bild 6.1). Da der übertragene Wärmestrom proportional zur Temperaturdifferenz zwischen Gas und Lötstelle ist, muß eine hohe Gastemperatur angestrebt werden. Der Arbeitsbereich wird aufgrund dessen hier so gewählt, daß er innerhalb der Kernzone des Freistrahls liegt. Für die Dimensionierung dieser Zone ist die Kenntnis der Gesetzmäßigkeiten bezüglich der Länge der Kernzone notwendig.

Bei laminarer Strömung in der Austrittsdüse kann eine um Faktor drei gegenüber dem turbulenten Fall längere Kernzone ausgebildet werden. Laminare Strömung liegt dann vor, wenn die Reynoldszahl einen kritischen Wert von 2320 nicht überschreitet. Dies ist zutreffend, wenn das Produkt

$$v_0 \cdot D_D < Re_{krit} \cdot \nu_{Luft,\,400°C} \qquad\qquad (6.1)$$

und die Rohrlänge größer als $60...80 \cdot D_D$ ist /56/. Sonst strömt das Gas turbulent.

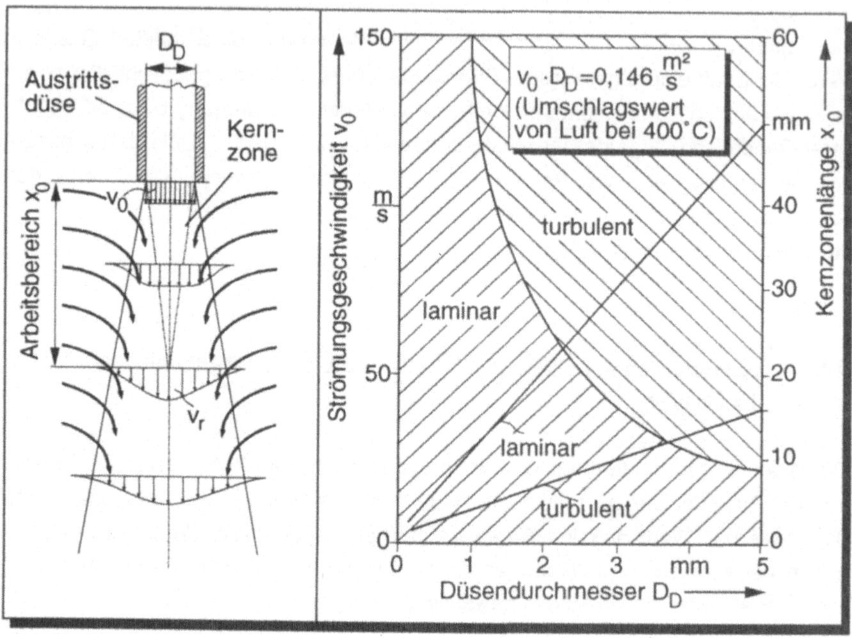

Bild 6.1:   Ausbildung der Strömung im Freistrahl

Bei den vorliegenden Dimensionen von Werkstücken und den sich daraus ergebenden möglichen Größenverhältnissen für Ablötwerkzeuge kann wohl (6.1), nicht aber die Bedingung für die minimale Rohrlänge erfüllt werden. Zudem behindern zwangsläufig scharfkantige Übergänge am Düsenein- und -austritt die Ausbildung einer laminaren Strömung.

Der Durchmesser der Austrittsdüse kann im Bereich zwischen einem und drei Millimetern festgelegt werden. Unterhalb dieses Bereiches würde der Volumenstrom zu klein, um ausreichend Wärme transportieren zu können, bzw. die Strömungsgeschwindigkeit zu groß, so daß das Bauelement weggeblasen wird. Oberhalb von drei Millimetern läßt sich der Strahlkegel nicht mehr auf die Lötstellen begrenzen. Mit diesen Randbedingungen kann die Länge der Kernzone also maximal 3 bzw. 10 mm betragen (Bild 6.1).

In Anknüpfung an die Erkenntnisse aus der theoretischen Betrachtung werden Versuche für die Bestimmung der optimalen Betriebsparameter gefahren. In einem Versuchsstand (Bild 6.2) können unterschiedliche Zustände realisiert werden.

Die Heizeinrichtung besteht aus einer Runddüse mit angeschlossenem Lufterhitzer. Die Länge der freien Strömungsstrecke und der Ausströmwinkel können verstellt werden. Zunächst wird dieser auf 55° eingestellt. Die Heizleistung wird elektrisch eingebracht und ist, wie auch die Strömungsgeschwindigkeit, stufenlos variierbar. Werkstück und Heizdüse befinden sich bei diesem Versuch in Ruhe. Die für die Ausprägung des freien Strahlkegels relevante Ausströmgeschwindigkeit ist mit dem gewählten Düsendurchmesser von 2 mm direkt proportional dem Volumenstrom. Die Parameter werden ausschließlich im turbulenten Bereich variiert.

Als Prüfobjekt wurde ein SO14-Bauelement gewählt, bei dem im Bereich eines mittleren Anschlußdrahtes ein PT100-Temperaturmeßelement angebracht wurde. Der Sensor darf die thermische Kapazität des Anschlusses so wenig wie möglich beeinflussen. Deshalb wurde der Durchmesser des meßrelevanten Verbindungskopfes mit 0,6 Millimetern so gewählt, daß das Meßelement von unten über eine Bohrung in der Leiterplatte an die Meßstelle herangeführt werden konnte. Die Aufnahme der Meßwerte erfolgte nach jeweils 10 Sekunden.

In einer zweiten Versuchsreihe wurden die Parameter Heizleistung, Volumenstrom und Düsenabstand konstant gehalten (60 W, 4 l/min und 5 mm) und der Anströmwinkel variiert (Bild 6.2, Diagramm unten rechts). Dabei wurden die Auswirkungen auf benachbarte Bauelemente und das Bauelementgehäuse des betreffenden Bauelementes untersucht.

Die Versuche deuten auf einen beinahe proportionalen Anstieg der gemessenen Endtemperaturen mit Erhöhung der Gas-Durchflußmenge bis etwa 4 l/min hin. Niedrigere Strömungsgeschwindigkeiten bedingen erhöhte Gehäusetemperaturen des Lufterhitzers und eine dadurch hervorgerufene stärkere Wärmeabfuhr an die Umgebung. Oberhalb von 4 l/min tritt dieser Effekt in den Hintergrund, und die Werte für die Endtemperatur der Meßstelle stagnieren.

Die Erhöhung der Heizleistung führt zum proportionalen Ansteigen des Meßwertes. Jedoch ergeben sich bei Leistungswerten oberhalb 100 Watt in Verbindung mit einer Arbeitsspannung von 24 Volt hohe Ströme, die größere Heizelemente erfordern. Dieser Trend kollidiert mit den Anforderungen an die Baugröße des Werkzeuges.

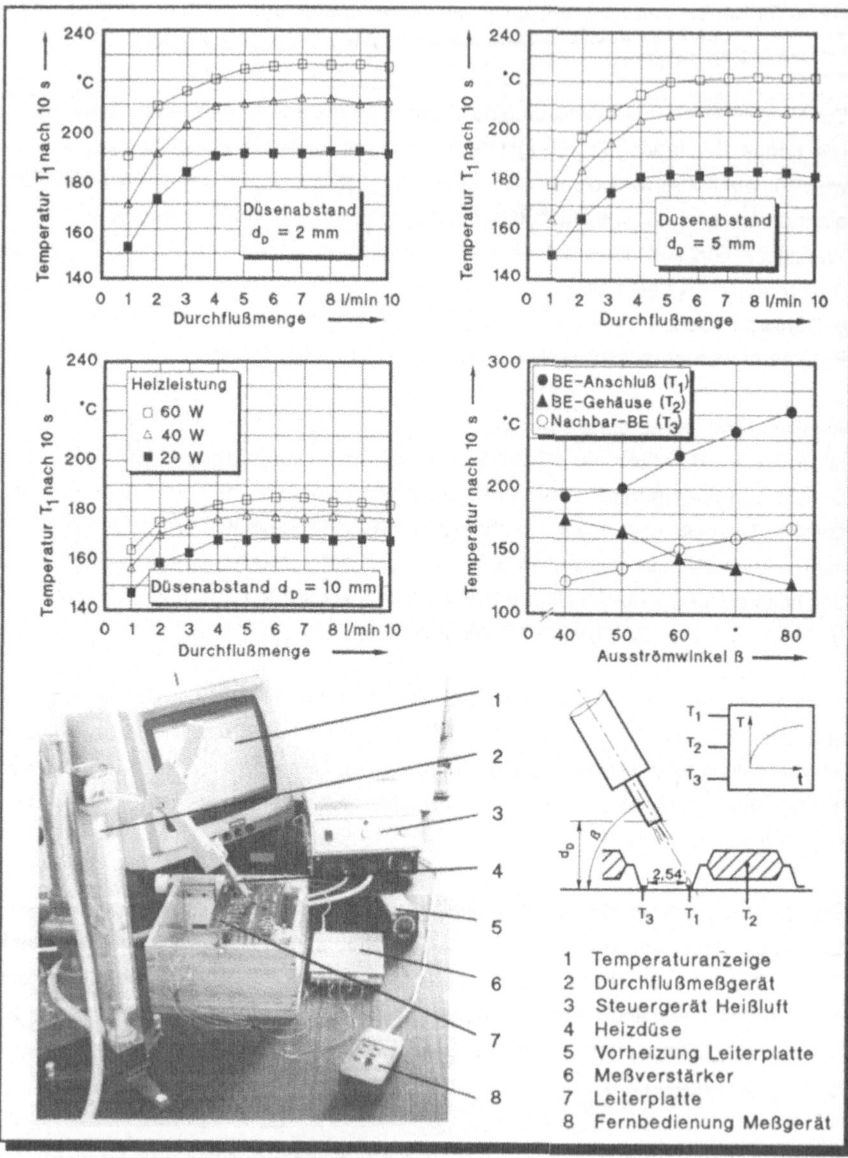

Bild 6.2: Versuche zum Ablöten mittels Heißgas

Bezüglich des Düsenabstandes zeigt sich eine überproportionale Abnahme der Temperatur mit steigendem d_D. Der in der Theorie aufgezeigte Einfluß des Strahl-Kernbereiches wird hiermit bestätigt.

Die Ergebnisse der Versuche zum Einfluß des Parameters Anströmwinkel lassen sich wie folgt zusammenfassen:

❏ ein flacher Winkel (40°) führt zu starker Erwärmung des Bauelementkörpers,

❏ ein steiler Winkel (70...80°) bewirkt eine starke Erwärmung der Anschlußdrähte des benachbarten Bauelementes,

❏ im Bereich zwischen 50° und 60° ist die Wärmezufuhr an die Anschlußdrähte günstig, wogegen sich Bauelementkörper und benachbartes Bauelement kaum erwärmen.

6.1.2 <u>Untersuchung der Zusammenhänge am bewegten Düsenpaar</u>

Die Anpassung der Wärmezuführung an die Größe des Bauelementes soll durch paarweises Hin- und Herbewegen zweier punktförmiger Wärmequellen erfolgen. Die notwendigen Richtungsänderungen erfordern jedoch, bedingt durch die träge Masse des Werkzeuges und der Handhabungseinrichtung, einen Beschleunigungsvorgang, der nur mit der endlichen Beschleunigung a_{max} durchgeführt werden kann. Der Wärmestrom, der an den Austrittsdüsen zur Verfügung gestellt wird, kann aber nicht mit einer solchen Geschwindigkeit verändert werden, daß die in der Beschleunigungs- und Umkehrphase geringere Verfahrgeschwindigkeit kompensiert werden kann.

Im folgenden muß demnach überprüft werden, unter welchen Bedingungen die Beschleunigungsvorgänge in der Nähe der Umkehrpunkte dort zu einer unzulässigen Erwärmung führen. Zugrundegelegt wird hierbei das längste wellengelötete Bauelementgehäuse SO40 mit einem Anschlußdrahtraster von 1,27 mm. Die abzufahrende Gehäuselänge beträgt 25,4 mm.

Ist die Länge der Strecke für die beschleunigte Bewegung kleiner als ein halbes Rastermaß (<u>Bild 6.3</u>), so bleibt dies praktisch ohne Auswirkung auf die Gleichmäßigkeit der Wärmeeinbringung an den Anschlußdrähten. Mit der Vorgabe für die Mindest-

Pendelfrequenz von 1 Hz ergibt sich für die zulässige Verfahrzeit über eine Wegstrecke ein Wert von 0,5 Sekunden. Der Algorithmus für die Mindestbeschleunigung der Werkzeugbewegung wurde aus den kinematischen Zusammenhängen hergeleitet. Die errechnete notwendige Mindestbeschleunigung beträgt in diesem Extremfall 2,24 m/s², die Verfahrgeschwindigkeit 53 mm/s.

Die gewonnenen Erkenntnisse müssen in die Auswahl der Handhabungseinrichtung einfließen. Für die weiteren Versuche wird ein SCARA-Roboter eingesetzt, der die gestellten Anforderungen erfüllt.

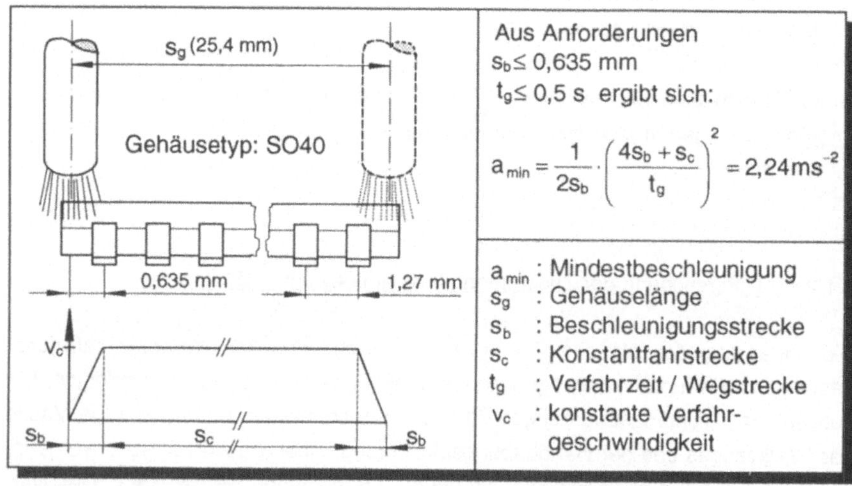

<u>Bild 6.3:</u>   Kinematische Betrachtung an der oszillierenden Düse

Die Gültigkeit der hergeleiteten theoretischen Zusammenhänge wurde im folgenden experimentell überprüft. Während ein Heißgas-Düsenpaar mit einer Frequenz von 1 Hz oszillierend hin- und herbewegt wird, wurden mit einer Wärmebildkamera thermographische Aufnahmen gemacht.

Die Darstellung von isothermen Zonen erfolgt dabei durch deren Wiedergabe in jeweils einer von 15 Farbabstufungen, die wiederum mit einer Referenzskala verglichen werden können und so eine Aussage über die Temperatur ermöglichen. Für die Darstellung in <u>Bild 6.4</u> wurden die relevanten Temperaturen explizit angegeben.

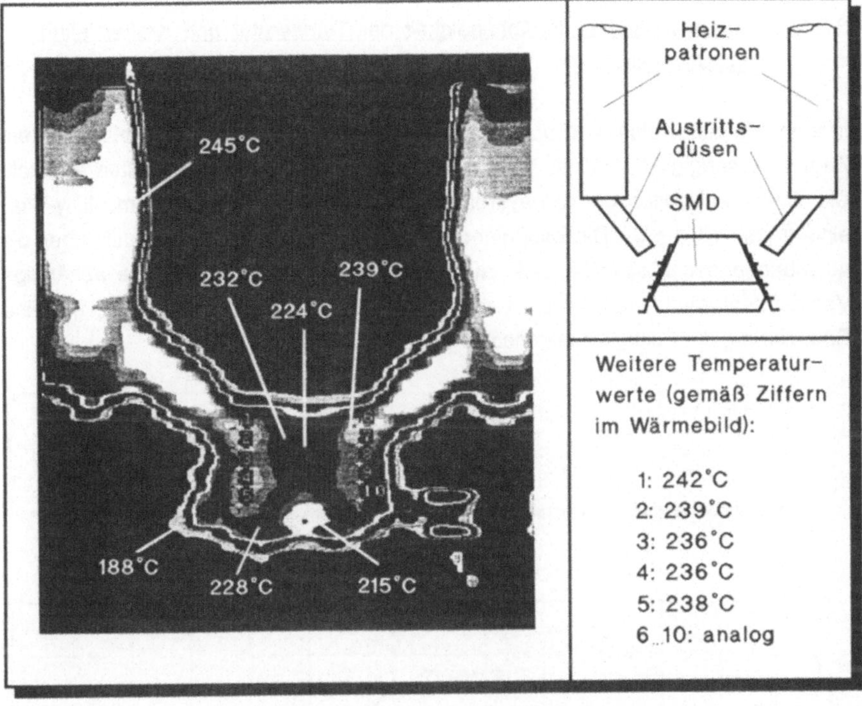

Bild 6.4:   Thermographische Aufnahme bei bewegtem Düsenpaar

Die gemessenen Temperaturwerte liegen in einem Toleranzband mit einer Breite von 6°C. Damit erfüllt das Verfahren die gestellten Anforderungen. Die Versuchsergebnisse bestätigen die getroffenen Annahmen hinsichtlich Strömungsausbreitung und Bauteilerwärmung.

6.2   Lösen der Klebefixierung und Abheben des Bauelementes

Die Anforderungen an den Klebstoff für das Fixieren der Bauelemente während des Wellenlötens stehen im Widerspruch zu den gewünschten Eigenschaften im Reparaturfall. Beim Einlöten darf der Klebstoffpunkt die Glasübergangstemperatur erst dann überschreiten, wenn das Lot nicht mehr flüssig ist. Im Falle des Ablötens müssen sich beide Ereignisse überschneiden.

6.2.1 Kräfteverhältnisse in Abhängigkeit der Temperatur und Krafteinleitung in das Bauelement

In einer Versuchsreihe wird über die Losreißkraft die Zugfestigkeit (bei lotrechtem Zug) in Abhängigkeit von der Temperatur und verschiedenen Klebstoffen ermittelt. Die Werte, bei denen die Klebeverbindung versagt, sind im Diagramm als y-Wert eingetragen (Bild 6.5). Die experimentellen Ergebnisse liefern Aufschluß über die aufzubringenden Lösekräfte, aber auch über die von der Klebstofftype abhängige Vorwärmtemperatur, auf die die Leiterplatten eingestellt werden müssen, um eine Reduzierung der Festigkeitseigenschaften /46/ zu erreichen.

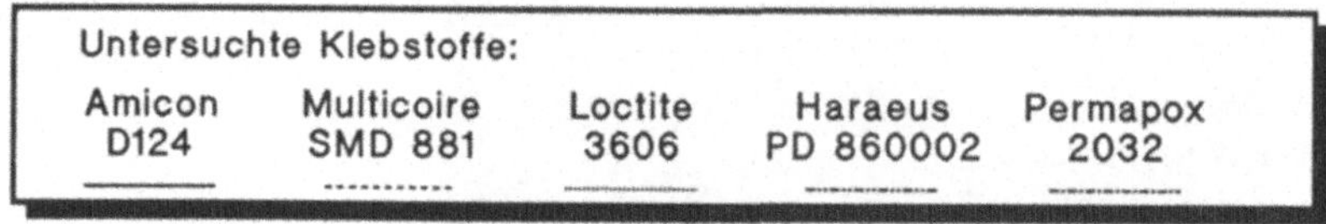

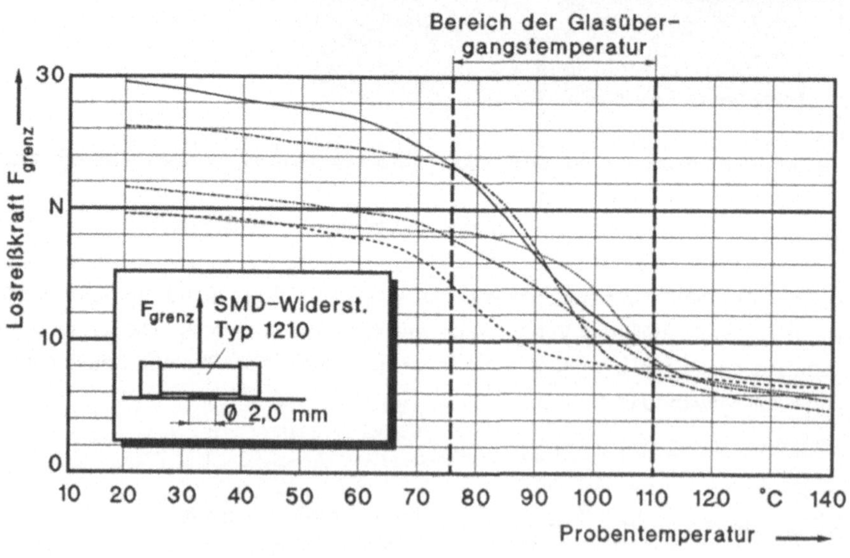

Bild 6.5: Versuchsergebnisse

Für die Entwicklung eines geeigneten Löseverfahrens spielen neben Lösekräften auch die beschränkten Platzverhältnisse auf der Leiterplatte und die gegebenen Möglichkeiten zum Übertragen der Kräfte eine wesentliche Rolle. Bei den vorliegenden Dimensionen von Bauelementen kommen formschlüssige Verfahren nur bedingt in Frage. Wird jedoch an einer der Bauelementseiten, an der sich keine Anschlüsse befinden, eine Normalkraft aufgebracht, so kann kraftschlüssig eine Komponente senkrecht von der Leiterplattenebene weg übertragen werden.

6.2.2 Entwicklung eines Verfahrens zur Kopplung von Horizontal- und Vertikalkraft

Um ein Abrutschen des Werkzeuges beim Lösen der Klebeverbindung zu vermeiden, muß die Vertikalkraft F_z kleiner als die Normalkraft F_x multipliziert mit dem Haftreibungskoeffizienten μ_0 sein (Bild 6.6 veranschaulicht die Zusammenhänge). Die eingeleitete Abschiebekraft F_x und die über die Haftreibung kraftschlüssig aufgebrachte Vertikalkraft F_z bewirken ein Moment um den Momentanpol M_M, der in der gegenüberliegenden unteren Bauelementkante liegt. Dem entgegen wirken die Haltekräfte der Klebung F_{Kx} und F_{Kz}. Aus dem Momentengleichgewicht ergibt sich:

$$\sum M_M = F_x \cdot \frac{3}{4}h_1 + F_z\left(\frac{b_1+b_2}{2}\right) - F_{Kz} \cdot \frac{b_1}{2} = 0 \tag{6.2}$$

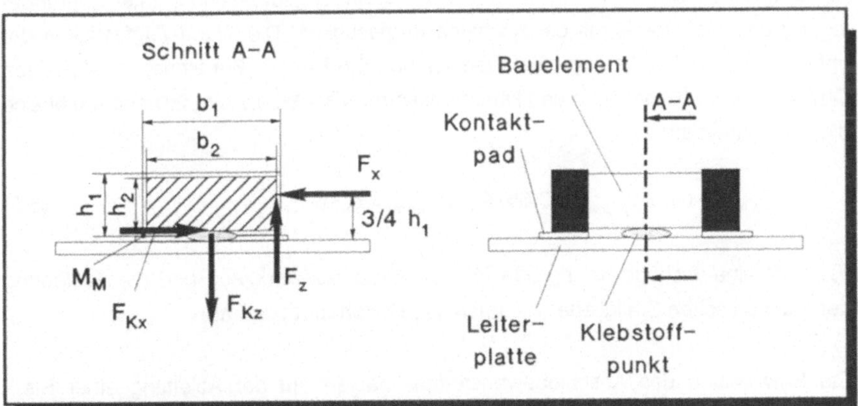

Bild 6.6:   Kräfteverhältnisse beim Abschieben eines geklebten Bauelementes

Für die Auslegung des Werkzeuges muß beachtet werden:

$$F_z = \mu_0 \cdot F_x \quad (\mu_0 \text{ (Stahl/Kunststoff)} \approx 0{,}4) \tag{6.3}$$

Dann ist $\quad F_{Kz} = \left(\dfrac{3}{2} \cdot \dfrac{h_1}{b_1} + 0,4 \cdot \dfrac{b_1 + b_2}{b_1} \right) \cdot F_x$ $\hfill (6.4)$

Wird b_2 ungefähr gleich b_1 gesetzt und für b_1 hier $4h_1$ geschrieben, ergibt sich:

$$F_{Kz} \approx 1{,}2 \cdot F_x \hfill (6.5)$$

Das Kräftegleichgewicht in x-Richtung liefert:

$$F_{Kx} = F_x \hfill (6.6)$$

Die Zug- und die Scherkraft lassen sich nun zusammensetzen:

$$F_K = \sqrt{F_x^2 + (1{,}2 \cdot F_x)^2} \hfill (6.7)$$

$$F_x \approx 0{,}65 \cdot F_K \hfill (6.8)$$

Die maximal aufzubringende Horizontalkraft $F_{x\,max}$ beträgt also 65 Prozent der Losreißkraft der Klebeverbindung bei größtem Verbindungsquerschnitt unter Zugrundelegung des Klebstoffes mit der höchsten Zugfestigkeit. Die Warm-Zugfestigkeit der untersuchten Klebstoffe liegt zwischen 1,7 und 2,6 N/mm². Bei einem kreisförmigen Querschnitt der Klebefläche und Durchmessern zwischen 0,7 und 2,0 mm ergibt sich die Horizontalkraft:

$$F_{x\,max} \approx 0{,}65 \cdot F_{K\,grenz} = 0{,}65 \cdot A_K \cdot \sigma_{B\,warm} = 5{,}3\,N \hfill (6.9)$$

$F_{x\,max}$ ist eine wichtige Kenngröße für das Abschiebewerkzeug und die Auslegung der mechanischen Stellglieder wie auch des Handhabungsgerätes.

Die Entwicklung des Abschiebewerkzeuges basiert auf der Ableitung einer Stellgröße aus der Einfederung eines Abschiebestößels. Beim Verfahren in einer zur Leiterplatte parallelen Ebene wird die horizontale Andruckkraft in eine auf 40 Prozent verminderte Vertikalkraft umgesetzt. Aufgrund der stark reduzierten Platzverhältnisse scheiden aktive Stellglieder für diese Funktion aus. Eine sensorgesteuerte Nachführung der Handhabungseinrichtung ist aufgrund der geringen Stellkräfte und der kurzen Aktionswege nicht möglich.

Ergebnis der Überlegungen ist ein rein passives Stellglied, das die Funktionen Lagern, Einfedern und Erzeugung der Vertikalkraft in einem Modul vereint (<u>Bild 6.7</u>). Durch die schneidenähnliche Ausbildung der das Bauelement berührenden Kante des Abschiebestößels wird über einen partiellen Formschluß der Wert des Haftreibungskoeffizienten noch weiter erhöht und so eine zusätzliche Sicherheit gegen das Abrutschen des Werkzeuges zur Verfügung gestellt.

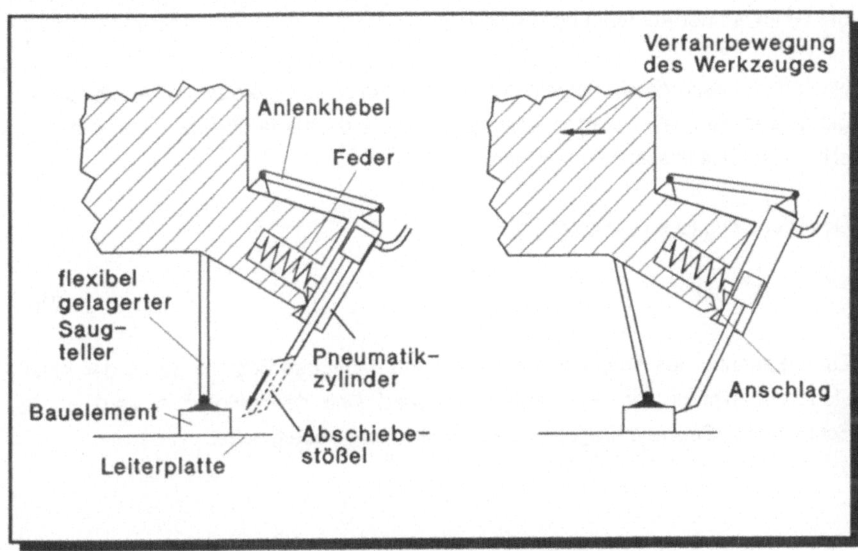

<u>Bild 6.7:</u>   Modul zum Abschieben wellengelöteter Bauelemente

Der Abschiebestößel, der die Horizontal- und die Vertikalkraft in das Bauelement einleitet, ist auf der Kolbenstange eines einfachwirkenden Pneumatikzylinders montiert. Dies ermöglicht, die Vorrichtung in Eingriff zu bringen oder sie aus dem Arbeitsraum zurückzuziehen, solange sie nicht benötigt wird.

Das Wirkungsprinzip beruht auf der Erzeugung einer schräg nach oben gerichteten Abschiebekraft, deren orthogonale Komponenten F_x und F_z in etwa konstantem Verhältnis μ_0 zueinander stehen. Die Höhe dieser Abschiebekraft nimmt durch die horizontale Fahrbewegung des gesamten Werkzeuges bedingt durch eine Federauslenkung linear zu, bis die zusammengesetzte Zug- und Scherfestigkeit der Klebeverbindung überschritten wird und diese nachgibt. Während des Kraftaufbaus muß jedoch eine geradlinige, horizontale Bewegung des unteren Endpunktes des

Abschiebestößels ermöglicht werden, damit dieser nicht vertikal gegenüber dem Bauelement versetzt.

Das zentrale Element des entwickelten Funktionsträgers ist die Aufhängung des Abschiebestößels an einem geneigten Anlenkhebel, über den die vom Bauelement aufgebrachte Reaktionskraft den Abschiebestößel geringfügig nach oben drückt. Dieser Winkel trägt der Summe aus dem Eigengewicht des Abschiebestößels und der Reibkraft der Aufhängung Rechnung.

Nach dem Lösen des Bauelementes und dessen Aufnahme durch einen flexibel aufgehängten Saugteller sorgen Anschläge für die definierte Rückbewegung des Abschiebestößels in seine Ruhestellung.

Das Werkzeug ist so ausgelegt, daß gilt:

$$F_z \leq 0{,}4 \cdot F_x \qquad\qquad\qquad (6.10)$$

Zur Erkennung des Ansprechzeitpunktes und damit des Beginns der in der Ablaufsteuerung hinterlegten Abschieberoutine wird eine geringfügige Auslenkung des Schneidenstößels abgefragt und an die Steuerung weitergeleitet.

6.2.3 Werkzeug zum Ablöten von wellengelöteten Bauelementen

Aus den oben gewonnenen Erkenntnissen wird ein kombiniertes Werkzeug zum Aufschmelzen von Lot und für das Lösen der Klebefixierung abgeleitet. Die Integration beider Funktionseinheiten in ein Funktionsmodul ist wegen der notwendigen unmittelbaren zeitlichen Aufeinanderfolge der jeweiligen Arbeitsschritte bereits als Anforderung formuliert.

Das Werkzeug besteht aus zwei gegenüberliegenden, je 55° schräg einwärts weisenden Runddüsen, die auf einer Spindel mit gegenläufigen Gewinden montiert werden und über einen Schrittmotor programmgesteuert auf die Bauelementbreite eingestellt werden können, sowie aus der Abschiebeeinrichtung, die zwischen die beiden Heißluftdüsen eingefahren werden kann (Bild 6.8).

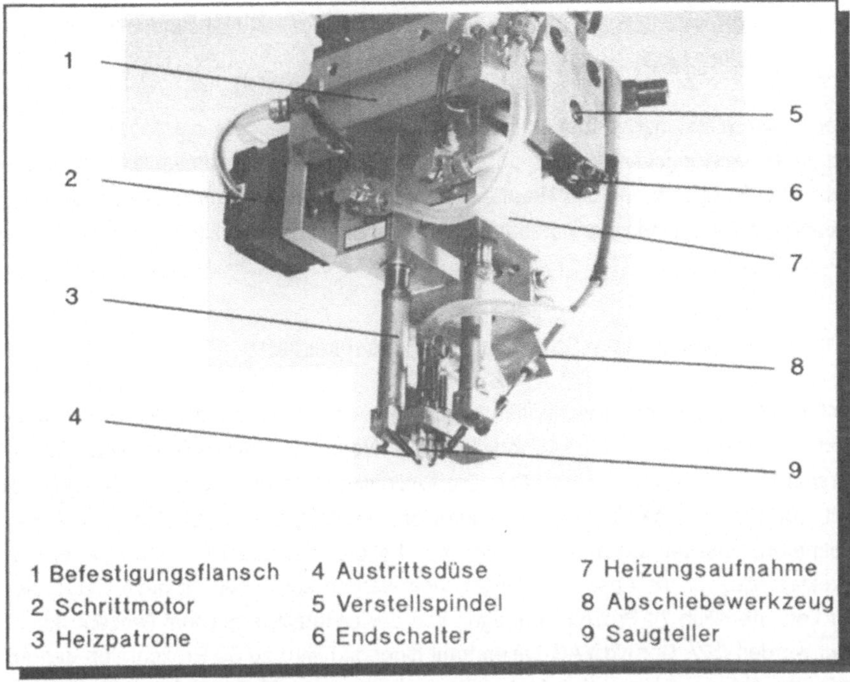

1 Befestigungsflansch   4 Austrittsdüse   7 Heizungsaufnahme
2 Schrittmotor   5 Verstellspindel   8 Abschiebewerkzeug
3 Heizpatrone   6 Endschalter   9 Saugteller

<u>Bild 6.8:</u>   Kombiwerkzeug für wellengelötete Bauelemente

Die Erwärmung der Anschlüsse des Bauelementes erfolgt mit den in einer Parameterbibliothek abgelegten Werten für

❑ Düsenabstand in horizontaler Richtung,

❑ Arbeitsspannung der Heizelemente (Standardwert: 24 V, entspricht 60 W),

❑ Volumenstrom des Gases (Standardwert: 5 l/min),

❑ Abstand zwischen Düsenunterkante und Leiterplatte (Standardwert: 5 mm),

❑ Pendelfrequenz der Verfahrbewegung.

Mit dem entwickelten Werkzeug können alle wellengelöteten Bauelementtypen abgelötet werden.

7 Entwicklung von Verfahren zum Ablöten reflowgelöteter Bauelemente mittels Laser

Der Laser bietet neben der möglichen hohen Energiedichte die Möglichkeit der schnellen Leistungsveränderung und, in Verbindung mit Ablenkspiegeleinheiten, des schnellen Positionierens des Wärmestroms. So können alle Anschlüsse eines Bauelementes durch einen oszillierenden Fahrstrahl quasi-gleichzeitig erwärmt werden.

7.1 Auswahl der Laserstrahlquelle und Basisparameter

Unter den zur Verfügung stehenden Lasertypen wird aus Gründen des Absorptionsverhaltens der beteiligten Materialien ein Neodym-dotierter-Yttrium-Aluminium-Granat-Laser (Nd:YAG) ausgewählt. Die Wellenlänge der emittierten Strahlung liegt mit 1,06 µm um eine Zehnerpotenz unter der des CO_2-Lasers. Sie wird damit vom Lotmaterial besser absorbiert als von der Leiterplatte. Die Reflexion, die als indirektes Maß für die Absorption angesehen werden kann, beträgt beim CO_2-Laser für Lotmaterialien 74 Prozent, wogegen von der Leiterplatte nur fünf Prozent reflektiert werden /57/. Der Nd:YAG-Laserstrahl hingegen wird zu 50 Prozent von den an der Lötverbindung beteiligten Materialien reflektiert, zu 78 Prozent vom Leiterplattenmaterial, wie kalorimetrische Messungen an verschiedenen Bauelementtypen (Kupferdrähte benetzt mit Zinn-Blei-Lot, Sn60Pb) ergeben haben. Der YAG-Laserstrahl koppelt also wesentlich besser in das Lot ein, wodurch Ablötzeiten bzw. die benötigte Leistung geringer sein können.

Die Wirkung des Strahls kann als Oberflächenwärmequelle beschrieben werden, da die Absorptionslänge des Laserlichts innerhalb der Lötstelle nach dem Beerschen Gesetz sehr viel kleiner als die Wellenlänge des Lasers ist /59/.

Bei gleicher Wärmestromdichte übersteht das Leiterplattenmaterial zwischen den Kontaktflächen entlang des Anschlußdrahtrasters eines Bauelementes den Erwärmungsvorgang unbeschadet, während die Lötverbindungen bereits aufgeschmolzen sind /58/. Ein intermittierendes Ausblenden des Strahls oder eine Güteschaltung mit steuerungstechnisch aufwendiger Abstimmung der Pulsfrequenz auf die Verfahrgeschwindigkeit und das Rastermaß kann durch die Eigenschaften des ausgewählten Nd:YAG-Lasers unterbleiben. Zudem spricht die Möglichkeit, handelsübliche Optikmaterialien und Lichtfaserkabel verwenden zu können, für den Einsatz des Nd:YAG-Lasers zum Ablöten von Bauelementen.

Die bei der Verwendung von Lichtfaserkabeln und Ablenkeinheiten hervorgerufenen Einbußen bei der Strahlqualität (minimal erreichbarer Fokusdurchmesser), die durch Überlagerungen vom Betriebsmode des Lasers abweichende Intensitätsverteilung über den Strahlquerschnitt und verlorengehende Polarisationseffekte wirken sich positiv bezüglich eines niedrigen Temperaturgradienten aus.

Der Fokus wird so groß gewählt, daß er eine Lötstelle vollständig überdeckt. Er muß also ohnehin auf ein bis zwei Millimeter Durchmesser aufgeweitet werden. Mit einer entsprechenden Defokussierung oder einer längeren Brennweite kann, unter Annahme einer gegebenen Grenzintensität, der maximale Wärmestrom in die Lötstelle eingebracht werden.

Um Kenntnisse über die Strahleigenschaften zu gewinnen, wurden bei der gewählten Konfiguration (Bild 7.1) Messungen vorgenommen. Sie ergaben im Fokus eine nahezu trapezförmige Intensitätsverteilung über dem Strahldurchmesser, wobei ca. 90 Prozent der gesamten Strahlleistung mit gleichem Intensitätsniveau abgegeben werden. Dieses Plateau wird zum Rand hin von steilen Flanken begrenzt.

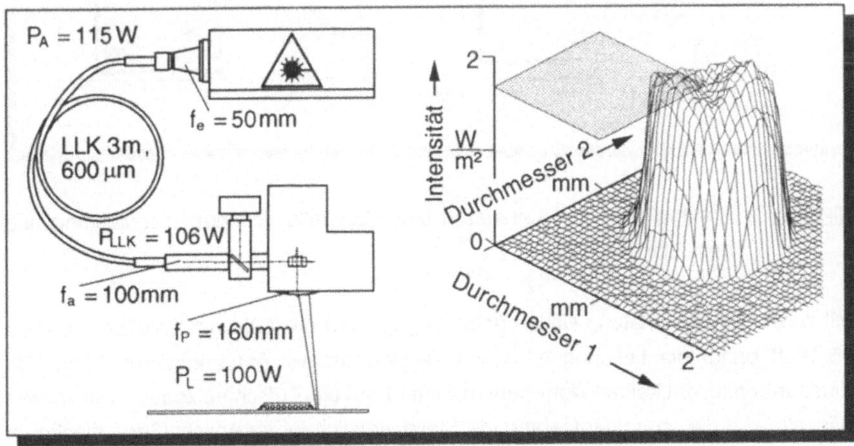

Bild 7.1: Laserstrahlführung und korrespondierende Intensitätsverteilung über dem Strahlquerschnitt

Innerhalb der Strahleinwirkzone treten somit keine Intensitätsmaxima (z.B. Gauß-Verteilung) auf. Unerwünschte polarisationsrichtungsabhängige Absorptionsunterschiede in den zu erwärmenden Materialien treten durch die konfigurationsbedingt statistisch polarisierte Strahlung nicht auf.

7.2 Entwicklung eines Verfahrens zur Bestimmung des Prozeßfensters für die Strahlleistung

In einem Vorversuch wird der Einfluß der grundsätzlichen Parameter Aufheizzeit, in Abhängigkeit der Laserleistung, und Einstrahlwinkel auf das Aufschmelzverhalten einer Lötstelle (SO20L) untersucht (Bild 7.2).

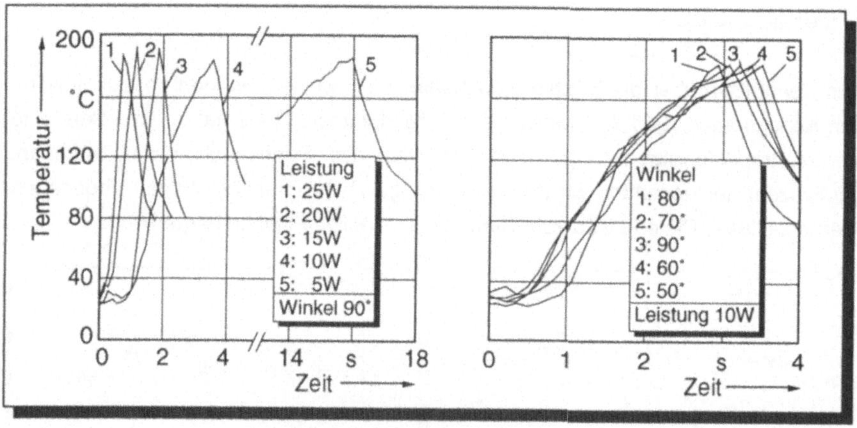

Bild 7.2: Abhängigkeit der Aufheizzeit einer Lötstelle von der Laserleistung und dem Einstrahlwinkel

Mit zunehmender Leistung sinken erwartungsgemäß die Aufschmelzzeiten. Ab etwa 25 Watt bringt die Leistungserhöhung keine spürbare Zeitverkürzung mehr. Der Einstrahlwinkel hat keinen signifikanten Einfluß auf die Aufschmelzdauer. Bei spitzen Winkeln wird die energieaufnehmende Stelle lediglich in die Anschlußdrahtflanke, in Richtung auf den Bauelementkörper, verlagert.

Das Prozeßfenster für die Wahl der Strahlleistung wird nach unten hin von der bauelementabhängigen benötigten Mindest-Strahlleistung begrenzt, mit der die maximal zulässige Prozeßzeit gerade eben noch nicht überschritten wird. Nach oben hin stellt die zulässige Energiedichte die Grenze dar, bei der noch kein explosionsartiges Verdampfen von Flußmittelanteilen im Lot auftritt. Dies ist durch einen zu geringen Wärmeabfluß zu erklären, bei dem bereits verdampfte Lotbestandteile die Absorption von Strahlung noch zusätzlich erhöhen.

7.2.1 <u>Benötigte Mindest-Strahlleistung</u>

Die bereitzustellende Laserleistung muß um die Leistungsverluste in den Strahlformungs- und -führungseinrichtungen größer sein als die benötigte Strahlleistung an der Lötstelle.

Der Brennfleck des Strahls erreicht nur mit einem Teil seiner Projektionsfläche die Lötstelle, mit dem anderen jedoch die Leiterplatte zwischen den Anschlußdrähten. Dies und die notwendigen Positioniervorgänge des Scanners über anschlußdrahtlose Strecken erfordern die Einführung eines Leistungsausnutzungsgrades η_{scan}.

Der mit der Leistung P_L auf die Lötstellen auftreffende Laserstrahl wird nur zu einem gewissen Anteil absorbiert. Dieser Absorptionsgrad wird für das vorliegende Modell mit dem Wert 0,5 als über der Werkstücktemperatur konstant angenommen.

Die Analyse der thermodynamischen Zusammenhänge hat gezeigt, daß die zum Aufschmelzen der Lötstelle erforderliche Wärmemenge in einer begrenzten Zeit $t_{Pr\,max}$ eingebracht werden muß, da das Bauelement sonst unzulässig erwärmt wird.

Der absorbierte Wärmestrom muß eben so groß sein, daß er den Wärmebedarf der Wirkstelle während der Zeit t_H deckt:

$$\dot{Q}_A = \frac{Q_{min} + Q_{ab}}{t_H} \qquad (7.1)$$

Wird anstatt von t_H die maximale Prozeßzeit $t_{Pr\,max}$ eingesetzt und Q_{ab} ausgeschrieben, so läßt sich die am Bauelement benötigte Mindest-Strahlleistung nach der entwickelten Vorschrift wie folgt ermitteln:

$$P_{L\,min} = \frac{n \cdot \dot{Q}_{A\,min}}{A \cdot \eta_{scan}} = \frac{n \cdot Q_{min}}{\tau_{BE}\left(1 - e^{-\frac{t_{Pr\,max}}{\tau_{BE}}}\right) \cdot A \cdot \eta_{scan}} \tag{7.2}$$

Die Mindestleistung ermöglicht aber gerade erst die Einhaltung des Grenzkriteriums. Die Wärmeeinbringung in das Bauelement, aber auch die Taktzeit wird verringert, wenn mit höherer Leistung gearbeitet wird. Bei gegebener Leistung kann die zulässige Prozeßzeit mit der hier ermittelten Formel gefunden werden:

$$t_s = -\tau_{BE} \cdot \ln\left(1 - \frac{Q_{min} \cdot n}{P_L \cdot \tau_{BE} \cdot A \cdot \eta_{scan}}\right) \tag{7.3}$$

7.2.2 Maximal zulässige Energiedichte

Die maximal zulässige Energiedichte ist als Quotient der pro Fläche erreichbaren Maximalleistung definiert. Beim bewegten Strahl kann infolgedessen geschrieben werden:

$$E_{zul} = \frac{P_L}{d_S \cdot v_{scan}} \tag{7.4}$$

Die Strahlleistung kann gesteigert werden, wenn die mittlere Verweilzeit beim Überstreichen eines einzelnen Anschlußdrahtes reduziert wird. Das wird hier mit einer Erhöhung der Ablenkgeschwindigkeit durch den Scanner erreicht. Damit steigt auch die Umlauffrequenz, wodurch das Zeitintervall zwischen zwei Abtastungen verkürzt und gleichzeitig die Wärmeeinbringung vergleichmäßigt wird. Aufgrund der Komplexität der Randbedingungen und der vielfältigen Einflußfaktoren wurde die zulässige Energiedichte in Abhängigkeit der Ablenkgeschwindigkeit empirisch ermittelt (Bild 7.3).

Am QFP100-Bauelement konnte die kritische Energiedichte bei einem Fokusdurchmesser von 2 mm und Verfahrgeschwindigkeiten oberhalb von 2000 mm/s mit der verwendeten Versuchseinrichtung (maximale Laserleistung ca. 106 W) nicht mehr erreicht werden, der Verlauf läßt sich jedoch abschätzen.

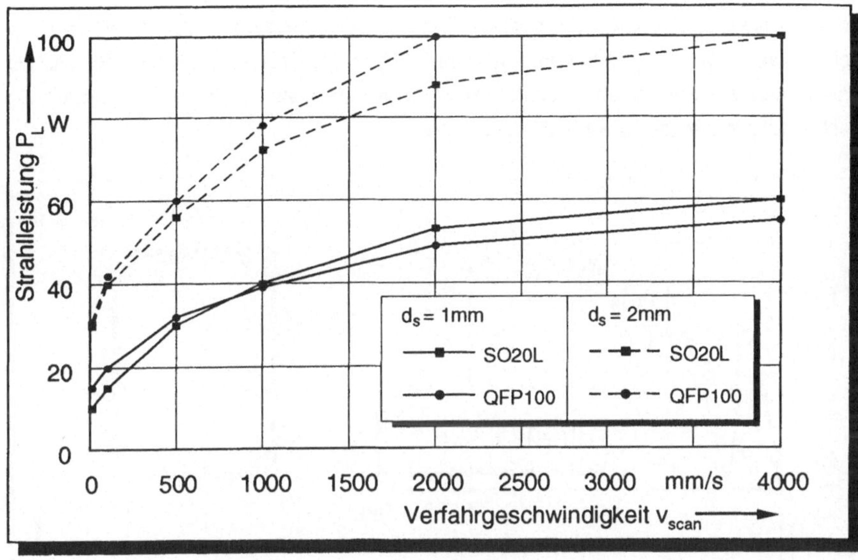

Bild 7.3: Zulässige maximale Strahlleistung beim Aufschmelzen der Lötverbindungen

7.3 Strahlpositionierung und zugehörige Prozeßgrößen

Durch die Möglichkeit, unterschiedliche Bahngeometrien in Verbindung mit vorbestimmten Verfahrgeschwindigkeiten in der Positioniersteuerung für die Ablenkspiegeleinheit zu hinterlegen, kann das Umrüsten auf unterschiedliche Bauelementgehäuse vollautomatisch und ohne manuellen Eingriff erfolgen. Mit zunehmender Wiederholfrequenz nimmt die Temperaturdifferenz zwischen dem zuletzt überstrichenen Anschlußdraht und dem in Bewegungsrichtung des Strahls nächsten Anschlußdraht ab. Nun müssen aber alle Lötstellen zum Zeitpunkt des Demontagebeginns zumindest Schmelztemperatur erreicht haben. Beträgt die Temperaturspanne der Lötstellen um den Schmelzpunkt ΔT, so muß die vom Scanner zuletzt erreichte Lötstelle mindestens auf den Wert $T_S + \Delta T$ erwärmt werden. Hierfür läßt sich, wie in **Bild 7.4** dargestellt, ein vergrößerter Zeitbedarf nachweisen.

Dieser Effekt ließe sich durch eine nahezu unendlich große Ablenkgeschwindigkeit, also simultane Bestrahlung, minimieren. Nun unterliegt das Beschleunigungsvermögen der Ablenkspiegel, die durch den unter Verwendung eines Lichtleiters notwendigerweise aufgeweiteten Strahl eine Mindestgröße aufweisen müssen, einem endlichen Wert. Die Trägheitsmomente führen über Mindestrechenzeiten der Positioniersteuerung und einen geschlossenen Lageregelkreis oberhalb bestimmter Geschwindigkeitswerte zu Bahnabweichungen.

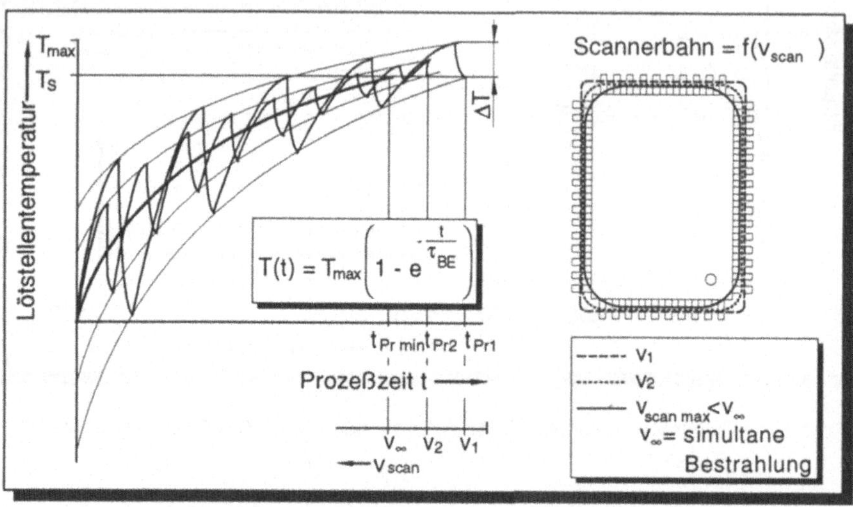

<u>Bild 7.4:</u> Einfluß der Oszillierfrequenz auf die Prozeßdauer und Bahnabweichungen bei zunehmender Ablenkgeschwindigkeit

Da Beschleunigungsvorgänge von den Richtungsänderungen in den Bauelementecken herrühren, tritt dieser Effekt ausschließlich dort auf. In Versuchen wurde hier die maximale Verfahrgeschwindigkeit ermittelt, bei der das Anschlußdrahtraster noch hinreichend genau abgefahren wird (Bild 7.4). Dazu müssen die äußeren Anschlußdrähte eines Bauelementes noch im Bereich der Bahngeraden liegen. Als Grenzkriterium kann gelten, daß der sich beschleunigungsbedingt bildende Viertelbogen in der Mitte des äußeren Anschlußdrahtes beginnt bzw. endet. In Bild 7.4 wäre dies bei der Geschwindigkeit v_2 eben noch gegeben. Für den eingesetzten Scanner liegt diese Grenzgeschwindigkeit bei 5000 mm/s.

Durch den Einsatz von zwei Scannern läßt sich die unter Anwendung der zulässigen Energiedichte bestimmte Laserleistung verdoppeln. Die Taktzeit kann dann etwa halbiert und der Wärmeeintrag in das Bauelement weiter reduziert werden. Bei besonders großen Bauelementen, wie sie in Kürze am Markt erwartet werden, kann die zulässige Prozeßzeit mit der maximalen Energiedichte eines Strahls möglicherweise bereits nicht mehr eingehalten werden.

Alternativ wurden zwei unterschiedliche Konfigurationen mit einer bzw. zwei Ablenkspiegeleinheiten entwickelt. In beiden Fällen ist die Leiterplatte mit dem abzulötenden Bauelement im Zentrum unter der Strahlablenkung positioniert und verbleibt während des Ablötens im Ruhezustand.

7.3.1 Ablöten mit zentral angeordneter Ablenkspiegeleinheit

Auf der Lotrechten, mittig über dem defekten Bauelement angeordnet, ermöglicht ein Scanner, alle Anschlußdrähte eines Bauelementes (außer PLCC, mit j-förmigen Anschlußdrähten) auf optischem Wege zu erreichen.

Der zentral angeordnete Scanner führt zur Ausbildung eines geschlossenen "Lichtvorhanges" (Bild 7.5) in Form eines Pyramidenmantels. Somit kann das geforderte Greifen des Bauelementes bereits während der Aufheiz- und Schmelzphase nur durch Unterbrechung des Lichtvorhanges von der Seite her erfolgen. Die sich hierbei ergebende Schattenbildung darf nur in einem Bereich liegen, in dem sich keine Anschlußdrähte befinden.

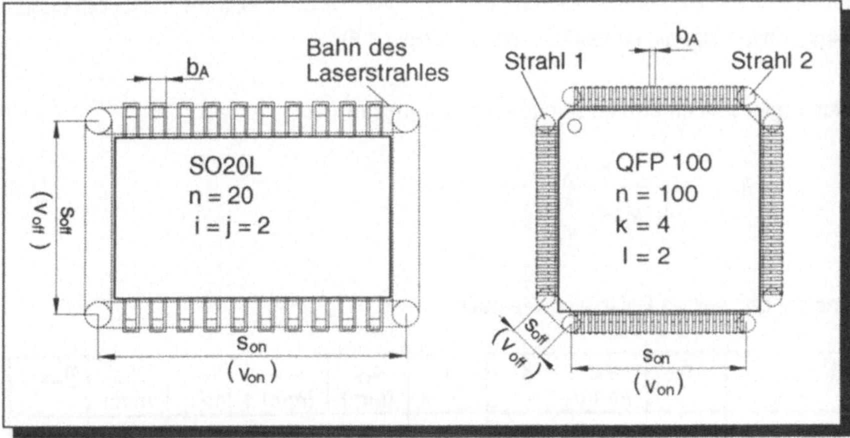

<u>Bild 7.5:</u> Beispiele der Bahnbewegung des Strahls bei einem (links) oder zwei Scannern (rechts)

Der Leistungsausnutzungsgrad ist neben der gewählten Konfiguration vor allem vom abzulötenden Bauelement abhängig. Mit den Bezeichnungen aus Bild 7.5 kann geschrieben werden:

$$\eta_{scan\,1} = \frac{n \cdot b_A}{i \cdot s_{on} + j \cdot \dfrac{v_{on}}{v_{off}} \cdot s_{off}} \tag{7.5}$$

Im folgenden ist dieser für einige Bauelemente beispielhaft ermittelt:

BE-Typ	n	b_A [mm]	i	j	s_{on} [mm]	s_{off} [mm]	v_{on} [m/s]	v_{off} [m/s]	$\eta_{scan\,1}$
SO20L	20	0,6	2	2	15	9,5	2	4	0,30
QFP100	100	0,35	4	4	16	3,5	2	4	0,49
QFP160	160	0,35	4	4	26	3,5	2	4	0,50

7.3.2 Ablöten mit zwei raumschräg angeordneten Ablenkspiegeleinheiten

Werden zwei Scanner eingesetzt, so kann der Raum über dem Bauelement für einen Greifer oder eine CCD-Kamera zur exakten Positionsbestimmung des abzulötenden Bauelementes freibleiben. Bei dem entwickelten Verfahren sind zwei Ablenkspiegeleinheiten, gegenüberliegend auf der Bauelement-Diagonalen, unter der Neigung von 60° zur Horizontalen angeordnet. Jeder Scanner kann so zwei orthogonal benachbarte Bauelementseiten erreichen (Bild 7.5).

Nun ergibt sich für den Leistungsausnutzungsgrad

$$\eta_{scan\,2} = \frac{n \cdot b_A}{k \cdot s_{on} + l \cdot \dfrac{v_{on}}{v_{off}} \cdot s_{off}} \tag{7.6}$$

und mit den selben Beispielen wie oben:

BE-Typ	n	b_A [mm]	k	l	s_{on} [mm]	s_{off} [mm]	v_{on} [m/s]	v_{off} [m/s]	$\eta_{scan\,2}$
SO20L	20	0,6	2	0	15	0	2	4	0,40
QFP100	100	0,35	4	2	16	3,5	2	4	0,52
QFP160	160	0,35	4	2	26	3,5	2	4	0,52

Die Wirkungsgrade weichen bei gleichem Bauelement in erster Linie dann ab, wenn dieses anschlußdrahtlose Seiten aufweist (SO-Bauelemente). Ansonsten ist η_{scan} überwiegend durch das Verhältnis von Lötstellen zu Zwischenräumen bestimmt.

7.4 Experimentelle Untersuchungen

Die entwickelten Modelle für die Leistungsdimensionierung sollen anhand von Versuchen überprüft werden. An drei Bauelementgehäusetypen werden die Lötverbindungen mit unterschiedlicher Strahlleistung aufgeschmolzen. Die sich daraus ergebenden Prozeßzeiten sind in Bild 7.6 der Strahlleistung zugeordnet. Daneben ist der mit dem Modell errechnete Verlauf aufgetragen.

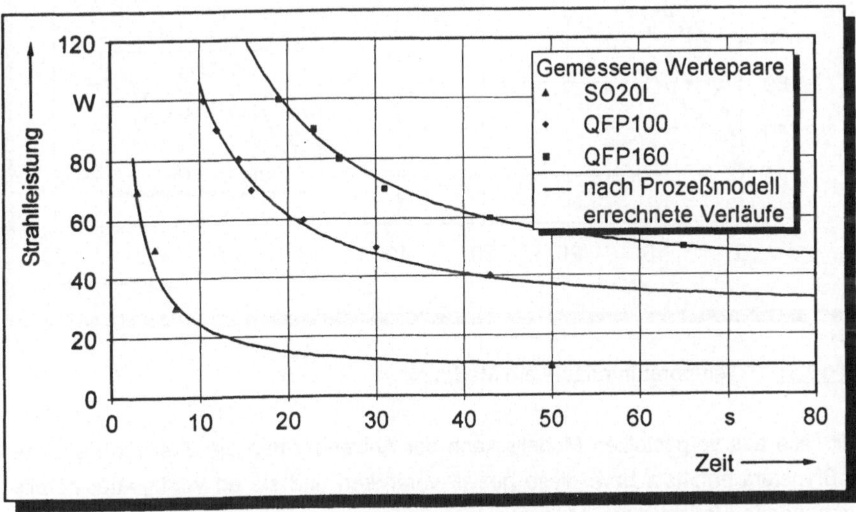

Bild 7.6: Laserstrahlleistung und ermittelte korrespondierende Prozeßzeiten

Für ein Beispiel (QFP160) sind die sich bei unterschiedlicher Strahlleistung ergebenden Temperaturverläufe über der Zeit dargestellt (Bild 7.7).

Die durchgeführten Versuche zeigen eine hinreichende Übereinstimmung von Prozeßmodell und Praxis. Aus Bild 7.6 läßt sich nun zu der in der Analyse ermittelten maximal zulässigen Prozeßzeit die benötigte Mindest-Strahlleistung ablesen. Wird die Leistung darüber hinaus gesteigert, so läßt sich eine Verkürzung der Prozeßzeit erreichen. Die Wirksamkeit dieser Maßnahme kann aus der Kurvensteigung abgelesen werden. Der obere Grenzwert ergibt sich mit der aus der zulässigen Energiedichte resultierenden Strahlleistung. Diese ist wiederum von der Ablenkgeschwindigkeit abhängig.

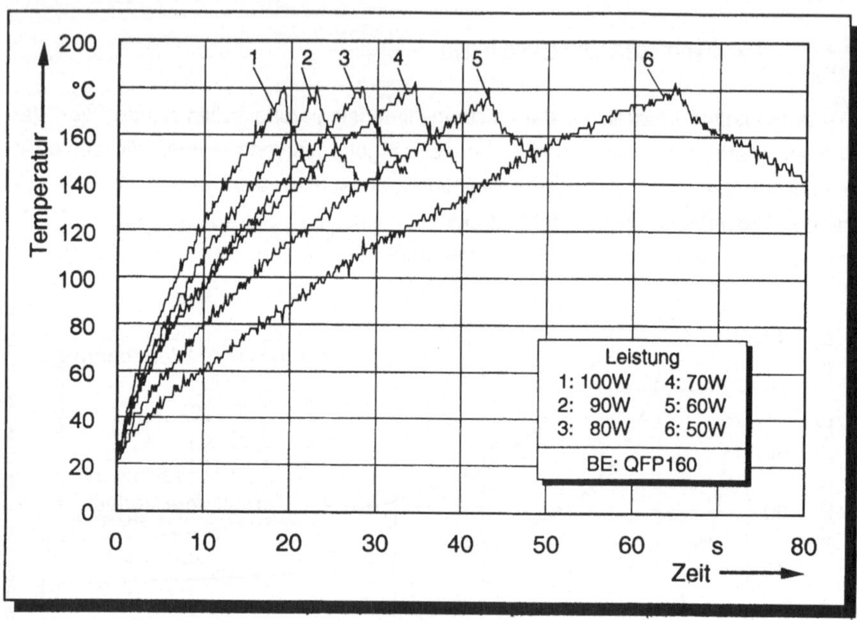

<u>Bild 7.7:</u>   Temperaturverläufe am Meßpunkt

Mit Hilfe des vorgestellten Modells kann der Anwender nun die Grenzen des Prozeßfensters ermitteln bzw. diese gezielt verändern und sie an verfügbare, bereits vorhandene Einrichtungen anpassen.

Die Schwankungsbreite von Parametern an der Lötstelle hat eine große Anzahl an Versuchen notwendig gemacht. Dabei traten immer wieder Meßwerte auf, die deutlich außerhalb der festgestellten Verläufe waren. Die Ursache hierfür liegt in der direkten Abhängigkeit des Meßergebnisses vom Emissionsgrad des betrachteten Meßflecks und den damit verbundenen Abweichungen über die Versuchswerkstücke hinweg.

8 Kombination der Funktionsmodule zu einem flexiblen, robotergestützten Reparatursystem

8.1 Prinzipieller Aufbau

Es wird ein automatisches System beschrieben, mit dem wahlweise wellen- oder reflowgelötete Baugruppen repariert werden können. Als zentrale Handhabungseinrichtung wird aus Gründen der hohen Flexibilität, der Positioniergenauigkeit und des
Arbeitsraumdurchmessers ein SCARA-Roboter mit Werkzeugwechselsystem eingesetzt. Die Komponenten des Reparatursystems sind in dessen Arbeitsraum auf einer
gemeinsamen Tischeinheit angeordnet (Bild 8.1).

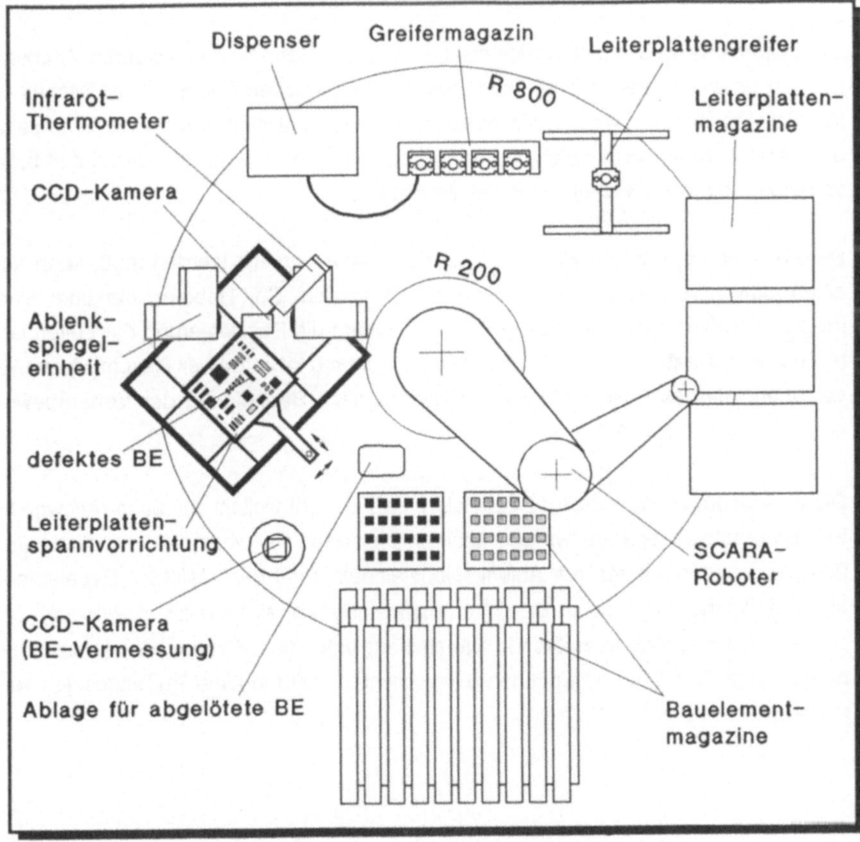

Bild 8.1: Layout eines automatischen Reparatursystems

Die Kombination beider Reparaturtechnologien in einem System ermöglicht den universellen Einsatz peripherer Teilsysteme wie Leiterplatten-Handhabungsgreifer, Lotabsaugung oder Dispenser für Lotpaste und erhöht somit deren Nutzungsgrad.

Die integrierten Teilsysteme werden, sofern sie über den Stand der Technik hinausgehen, im weiteren näher erläutert.

8.2 Teilsysteme

8.2.1 Leiterplattenaufspannvorrichtung

Die Leiterplatte wird mittels Indexierstiften in einen schnell wechselbaren Adapterrahmen gespannt, der in einer Aufnahme am beweglichen Teil eines xy-Tisches fixiert ist. Die Adapterrahmen, die typbezogen ausgelegt sind, lassen die Unterseite der Leiterplatte frei zugänglich und ermöglichen so die Vorwärmung von unten bzw. verhindern die Wärmeableitung in die Vorrichtung.

Da pro Baugruppe in der Regel nur ein Bauelement ersetzt werden muß, kann auf einen aktiven Antrieb des Tisches verzichtet werden. Der Roboter, der über eine programmierbare Beweglichkeit verfügt, übernimmt die Positionierung der Leiterplatte über einen Anlenkhebel. Die Aufspannvorrichtung ist mit einer Klemm-Mechanik versehen, die das Feststellen des xy-Tisches nach Beendigung der Verfahrbewegung ermöglicht (Bild 8.2).

Die Spannvorrichtung wurde so konzipiert, daß sowohl wellen- als auch reflowgelötete Baugruppen repariert werden können. Im ersten Fall wird die Leiterplatte außerhalb der Störkonturen der Ablenkspiegeleinheiten mit dem defekten Bauelement über der Vorheizung, die in die Spannvorrichtung eingelassen ist, positioniert. Im zweiten Fall wird das abzulötende Bauelement unter das Zentrum des Laserscanners bewegt. Das Be- und Entladen der Vorrichtung wird in einer Außenposition von x- und y-Achse durchgeführt.

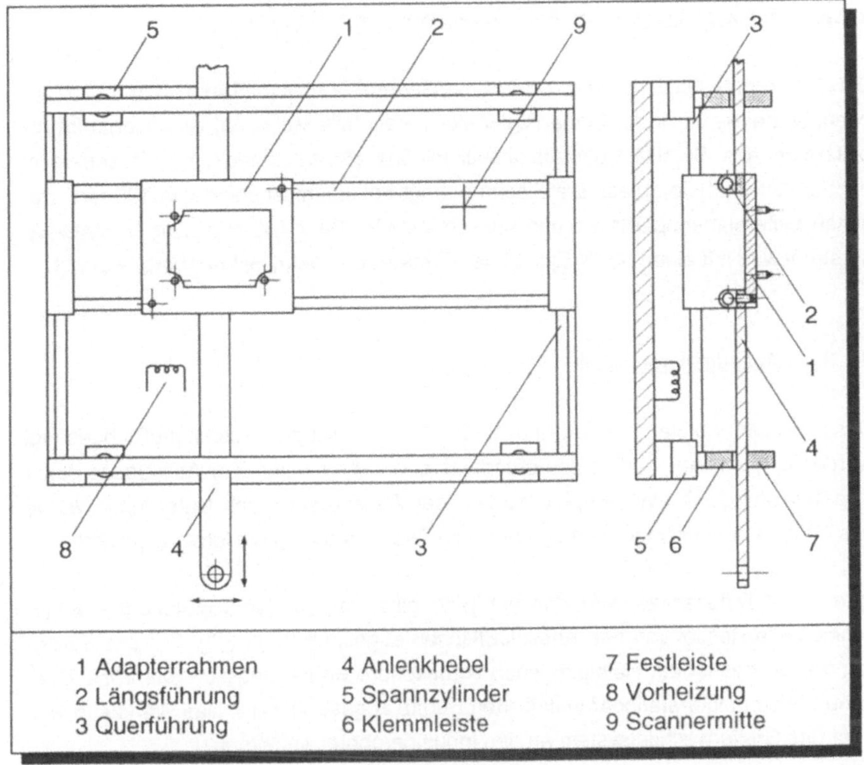

Bild 8.2:   Flexible Leiterplattenaufspannvorrichtung

8.2.2   Ablöten

8.2.2.1   Werkzeug zum Ablöten wellengelöteter Bauelemente

Das entwickelte Kombiwerkzeug mit Aufheiz-, Abschiebe- und Entnahmemodul wird über ein Werkzeugwechselsystem am Roboterarm befestigt. Verfahrbewegungen oder die oszillierende Bewegung während des Ablötens werden hier vom Roboter ausgeführt. Die Werkzeugsteuerung ist in die Roboter-SPS integriert, wo auch die Parameterbibliothek für die Prozeßsteuerung angelegt ist.

8.2.2.2 Funktionsmodul zum Ablöten reflowgelöteter Bauelemente

Ein Scanner mit Galvanometern der Firma General Scanning (Typ: G 325 DT), München, und einer Optik der Firma Rodenstock, ebenfalls München, ist stationär im Arbeitsraum des SCARA-Roboters installiert. Die Projektionsrichtung ist senkrecht nach unten, und die abtastbare Fläche beträgt bei einem Abstand von 190 mm zwischen Leiterplattenoberfläche und Auskoppeloptik 100 x 100 mm. Der Nd:YAG-Laserstrahl wird mit einer 100W-Einheit der Firma Haas Laser, Schramberg, erzeugt.

8.2.3 Absaugen von Altlot

Das nach dem Ablöten auf den Anschlußflächen verbliebene Restlot muß abgesaugt werden /60, 61/. Aus den beiden grundsätzlichen Alternativen, der Absaugung durch Kapillarwirkung mit einer Kupferlitze und der Absaugung durch Unterdruck, wurde aus Gründen der geringeren mechanischen Beanspruchung die letztere gewählt.

Über eine Teflonspitze wird das mit Hilfe einer integrierten Heißluftdüse aufgeschmolzene Restlot von den Anschlußflächen abgesaugt (Bild 8.3). Für das Entleeren des Siebes ist ein Reinigungshub vorgesehen, währenddessen das abgeschiedene Lot von einer stationär installierten Bürste abgestreift wird. Das Werkzeug wird über das Greiferwechselsystem an den Industrieroboter angekoppelt.

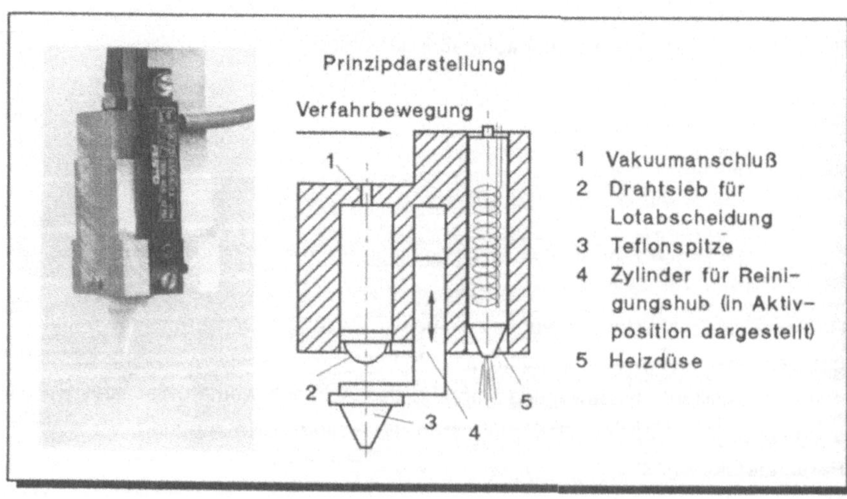

Bild 8.3: Werkzeug zum Absaugen von Altlot

8.2.4 Auftragen von Lotpaste

Das Wiedereinlöten von Bauelementen nach dem Reflowverfahren erfordert Depots von Lotpaste auf den betreffenden Anschlußflächen. Das Auftragen der Paste mit einem Dispenser ist dem Stand der Technik zuzurechnen.

Der mobile Teil des Systems, also die Vorratskartusche mit Dosierventil und Dosiernadel, wurde an ein Greiferwechselsystem angebaut und steuerungstechnisch eingebunden.

8.2.5 Sauggreifer zum Be- und Entstücken von Bauelementen

Der Greifer für die Demontage reflowgelöteter Bauelemente ist in Hinblick auf das Ablöten mit einem zentralen Scanner ausgeführt, eignet sich jedoch ebenfalls für die Konfiguration mit zwei raumschrägen Scannern. Um die durch den Greifer abgeschattete Zone, in der keine Erwärmung stattfindet, so klein als möglich zu halten, schließt sich an den Grundkörper ein taillierter Ausleger an, der trotz der geringen Breite von 1,5 mm die Durchführung einer Vakuumleitung ermöglicht (Bild 8.4).

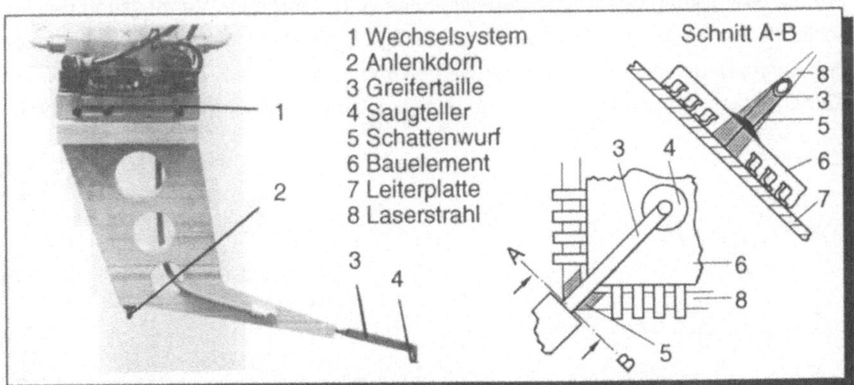

Bild 8.4: Sauggreifer für SMT-Bauelemente

Der Greifer wird an der anschlußdrahtfreien Bauelementecke über das Bauelement geführt, so daß der bis 260°C hitzebeständige Saugteller bereits während des Aufheizens in Eingriff sein kann und das Vakuum bereits aufgebaut ist. Die flexible Dichtlippe des Saugtellers besitzt die Fähigkeit, sich an unterschiediche Bauelementgeometrien anzupassen (z.B. beim zylinderförmigen MELF). Um ein schnelleres Lösen des defekten Bauelementes in der Abwurfposition zu ermöglichen, kann von Unter- auf Überdruck umgeschaltet werden.

Für die Bestückung von Ersatz-Bauelementen findet derselbe Greifer Anwendung. Darüber hinaus übernimmt dieser mittels eines in Verlängerung der z-Achse des SCARA-Roboters sitzenden Anlenkdorns die Positionierung der Leiterplattenaufspannvorrichtung.

8.2.6 Toleranzausgleich

Für das Ablöten mit Laser und Ablenkspiegeleinheiten ist ein Toleranzausgleich erforderlich. Eine in den Strahlengang des Lasers eingekoppelte CCD-Kamera vermißt die exakte Position des abzulötenden Bauelementes auf der Leiterplatte (Bild 8.5). Wird aus Gründen einer ermittelten hohen einzubringenden Energiedichte des Lasers die Konfiguration mit zwei raumschräg angeordneten Scannern gewählt, so wird die Kamera zentral über dem Arbeitspunkt zwischen den Scannern montiert.

Für die Bestückung des Ersatz-Bauelementes ist die vorherige Vermessung der Anschlußflächen auf der Leiterplatte notwendig. Bereitstellungsbedingte Toleranzen des Ersatz-Bauelementes im Greifer werden von einer zweiten, stationär installierten Kamera erkannt, über die der Roboter das Bauelement zur Vermessung positioniert.

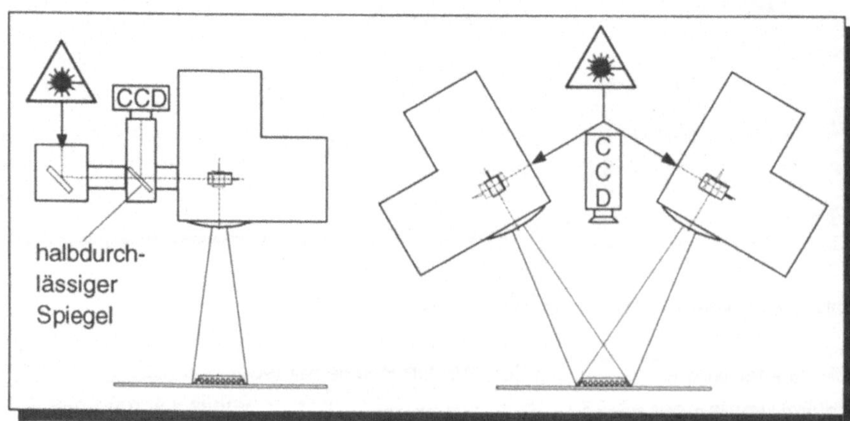

Bild 8.5:   Optische Toleranzerkennung

Per Software-Routine ermittelt die Steuerung den aktuellen Versatz und errechnet Korrekturwerte Δx, Δy und $\Delta\theta$ für das Absetzen des Bauelementes auf der Leiterplatte.

8.2.7 Modul zur Messung der Lötstellentemperatur

Bevor ein defektes Bauelement abgehoben werden kann, muß das Erreichen der Schmelztemperatur an mindestens einer Lötstelle festgestellt werden. Ein ortsfestes Strahlungsthermometer (Pyrometer) mißt hierzu die von der Lötstelle emittierte Wärmestrahlung deren Wellenlänge zur Temperatur der Lötstelle proportional ist. Dabei fokussiert die Optik des Pyrometerkopfes auf die Oberfläche der ausgewählten Meßstelle. Der Einsatz eines Zweifarbenpyrometers ermöglicht hierbei die Eliminierung von Störeinflüssen.

Das Überschreiten des eingestellten Schwellwertes löst einerseits das Startsignal für das Abheben durch den Roboter aus und schaltet andererseits mit einstellbarer zeitlicher Verzögerung den Laser ab.

8.3 Steuerungsablauf

Die Steuerung des Reparatursystems übernimmt ein IBM-AT-kompatibler Personalcomputer. Er hat die Funktion eines Zellenrechners, der mit der Industrierobotersteuerung, dem eben dort integrierten Bildverarbeitungssystem, dem Strahlungsthermometer, der Lasersteuerung und den Spiegelablenkeinheiten kommuniziert. Dort findet auch die Bediener-Interaktion statt (Bild 8.6).

Ablauforientierte Steuerungsaufgaben für Peripheriekomponenten des Industrieroboters übernimmt dabei dessen Steuerung, die auch über eine E/A-Einheit verfügt. Somit kann die Kommunikation zwischen Zellenrechner und Industrierobotersteuerung auf den Abruf von gespeicherten Programmroutinen und die Übermittlung von Variablenwerten beschränkt werden, wogegen die Industrierobotersteuerung die Aktionen und Signale der Roboterwerkzeuge ereignisnah überwacht.

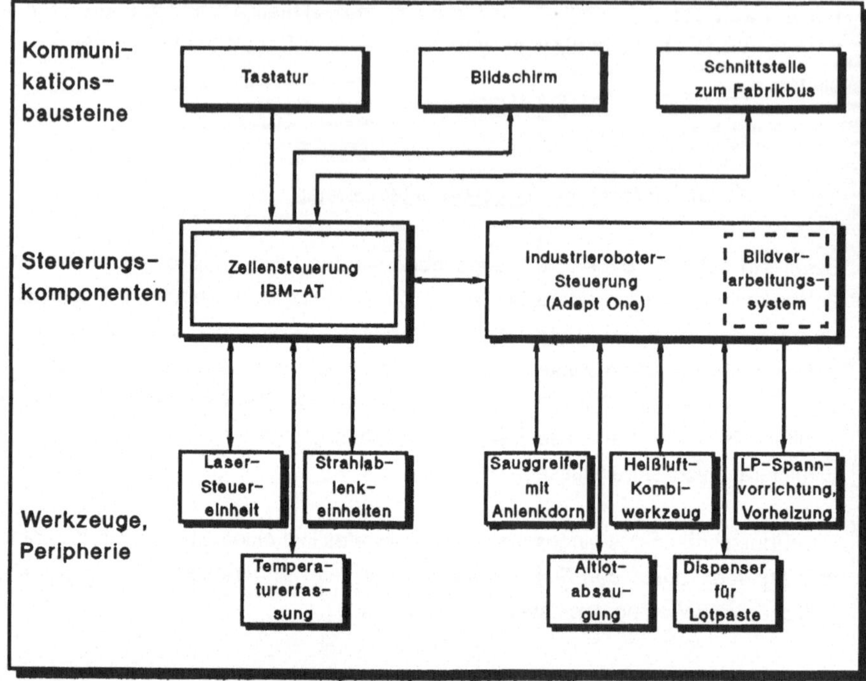

<u>Bild 8.6:</u>   Komponenten des Steuerungssystems

In <u>Bild 8.7</u> ist ein Flußdiagramm für den Reparaturvorgang dargestellt. Dabei werden die einzelnen Teilfunktionen den Steuerungseinheiten zugeordnet. Die Kommunikation mit dem Fabrikbus, bei der Daten zwischen CAD-, ICT- und dem zelleneigenen Steuerungssystem ausgetauscht werden, ist aus Gründen der Übersichtlichkeit nicht dargestellt.

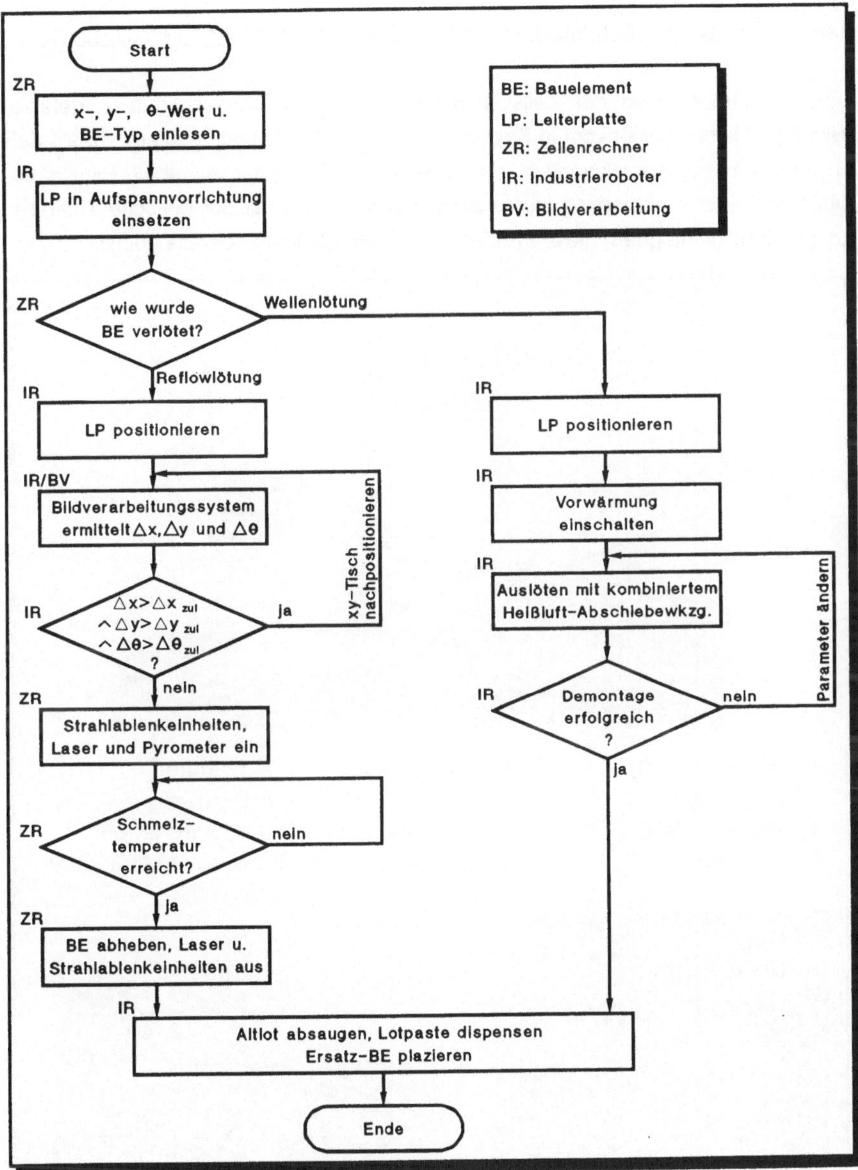

Bild 8.7: Flußdiagramm für den Reparaturablauf

8.4   <u>Erprobung der Funktionsmodule in einem prototypischen Versuchssystem</u>

Das Zusammenwirken der Teilsysteme wird in einem Versuchsaufbau getestet (<u>Bild 8.8</u>). Dieser weicht vom in Kapitel 8.1 vorgestellten Layout insofern ab, als daß er nur die forschungsrelevanten, hier entwickelten Teilsysteme enthält. Eine materialflußtechnische Anbindung wurde nicht realisiert. Auch ist der optische Toleranzausgleich nicht integriert, diese Problemstellung wurde in /62/ bereits gelöst.

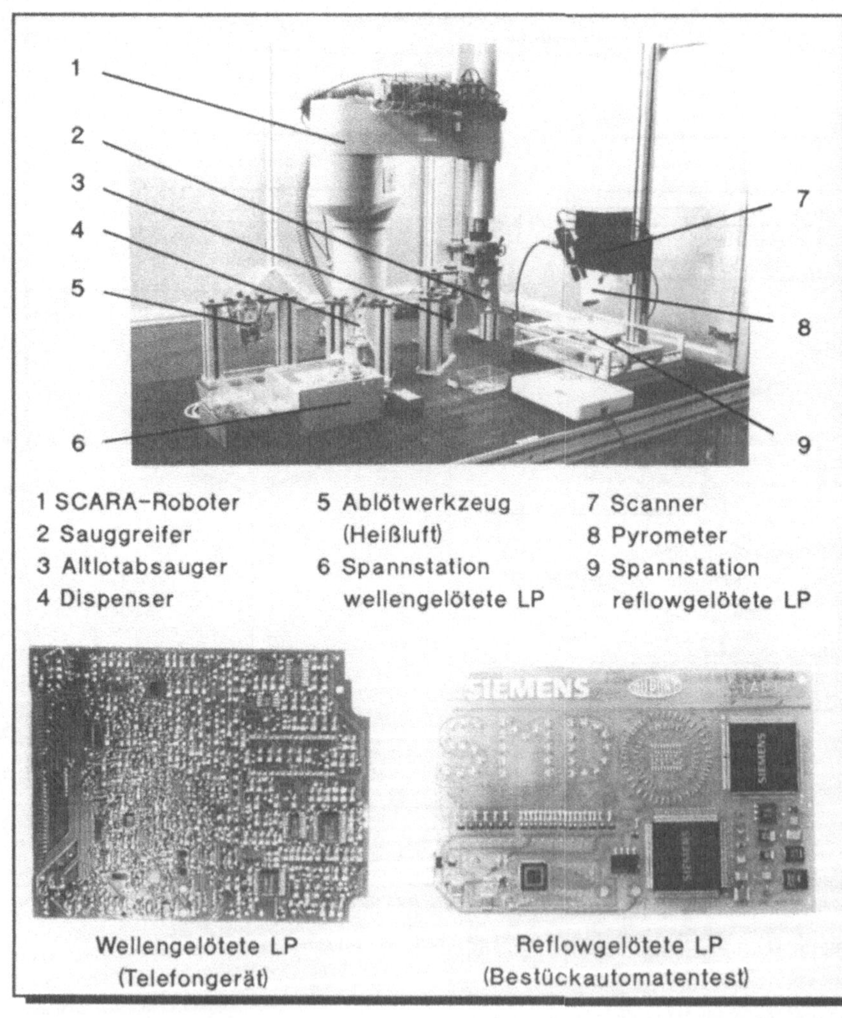

<u>Bild 8.8:</u>   Versuchsaufbau zur Erprobung entwickelter Werkzeuge und Verfahren

8.4.1 Festlegung des Produktspektrums und der Montageabläufe

Aus dem breiten Spektrum elektronischer Baugruppen wurden zwei repräsentative Produkte ausgewählt. Für das Ablöten wellengelöteter SMT-Bauelemente wurde eine Leiterplatte aus einem modernen Telefongerät mit der dort üblichen Packungsdichte gewählt. Für das Ablöten reflowgelöteter Bauelemente findet eine Leiterplatte Verwendung, wie sie für Demonstrationszwecke bei Bestückautomatenherstellern benutzt wird (Bild 8.8). Die Vielfalt an unterschiedlichen Bauelementen ist dort besonders hoch.

Auf beiden Baugruppen sollen nach dem jeweils entwickelten Verfahren Bauelemente selektiv abgelötet werden. Das auf den Anschlußflächen verbliebene Restlot wird anschließend entfernt und Lotpaste für die Wiedereinlötung aufgebracht. In der Folge wird dann ein Ersatz-Bauelement bestückt und verlötet.

8.4.2 Versuchsergebnisse

Die durchgeführten Versuche sollen Aufschluß über das Zusammenspiel der einzelnen Funktionsmodule im Gesamtsystem liefern. Des weiteren sollen

❑ Taktzeitanteile einzelner Teilfunktionen und

❑ Störungshäufigkeiten und -ursachen

untersucht werden. Die Ergebnisse dienen der Planung und Auslegung von automatischen Reparatursystemen. Eine Betrachtung der Störfälle kann Hinweise für konstruktive Verbesserungen an den Werkzeugen liefern.

8.4.2.1 Taktzeitanalyse

Mit Hilfe einer großen Anzahl von Reparaturzyklen wurden die Taktzeitanteile der Teilfunktionen aufgenommen (Bild 8.9). Zum einen wurden wellengelötete Bauelemente, zum anderen reflowgelötete Bauelemente ersetzt.

Betrachtet wurden Reparaturzyklen an jeweils zwei ausgewählten Bauelementtypen. Die Taktzeiten enthalten vom Bauelementtyp abhängige unterschiedliche Prozeßzeiten sowie Anteile, deren Dauer konstant ist. Dabei wird deutlich, daß Prozeßzeiten für sequentiell durchzuführende Arbeitsschritte mit der Anzahl von Anschlüssen zunehmen. Die angegebenen Zeitanteile für das Aufschmelzen der Lötverbindungen können durch die gezielte Veränderung von Parametern beeinflußt werden. Sie sind hier als Beispiel wiedergegeben.

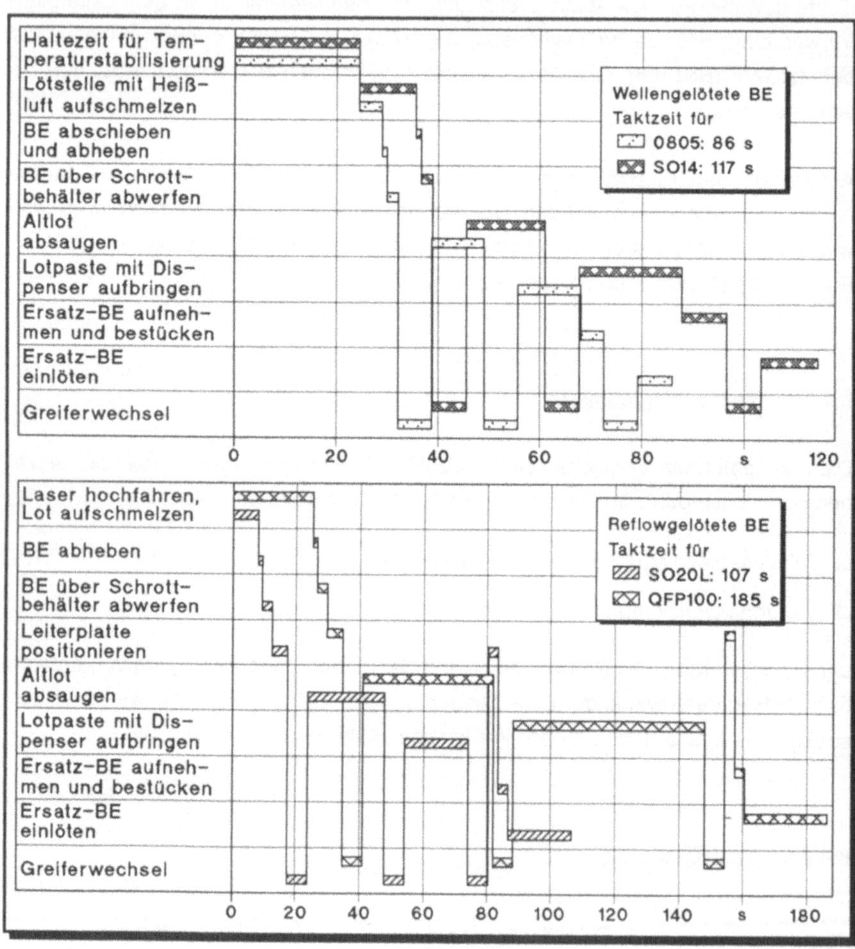

<u>Bild 8.9:</u>   Untersuchung der Taktzeitanteile bei Reparaturzyklen

Die im Bild 8.9 erwähnte "Haltezeit für Temperaturstabilisierung" spiegelt den Taktzeitanteil für die Einstellung des Gleichgewichtszustandes nach Parameteränderungen an der Heizungseinrichtung wider. Für die Vorwärmung wellengelöteter Baugruppen wurde nicht eigens ein Zeitanteil berücksichtigt. Dies wird in der Praxis in einem Ofen außerhalb der Station oder in einem kontinuierlich betriebenen Tunnelofen erfolgen. Die Ablötzeit bei reflowgelöteten Baugruppen beinhaltet das Hochfahren des Lasers vom Bereitschafts- in den Betriebsmodus, wofür beim eingesetzten Modell etwa drei Sekunden veranschlagt werden müssen.

Die vergleichsweise hohen Anteile der Nebenzeiten für Positioniervorgänge, vor allem aber für Greiferwechsel, können durch die Integration mehrerer Funktionsmodule in ein Werkzeug verringert werden. Auf der anderen Seite erhöht sich die Taktzeit durch die in den Versuchen nicht berücksichtigten Anteile für die Leiterplattenhandhabung und den optischen Toleranzausgleich.

8.4.2.2 Störungshäufigkeiten und -ursachen

Die Verfügbarkeit der entwickelten Einrichtungen wurde in einem Dauerversuch ermittelt. Hierzu wurden für die laser- und heißluftgestützte Reparatur je zehn repräsentative Bauelemente ausgewählt, die in vierzig Zyklen betrachtet wurden (Bild 8.11). Dabei traten Fehler hauptsächlich beim Absaugen von Altlot und beim Abschieben wellengelöteter Bauelemente auf. Im zweiten Fall wurden deshalb nochmals Versuche mit allen gängigen Bauelementgehäusetypen, die für Wellenlötungen verarbeitet werden, durchgeführt.

Insbesondere bei den sehr kleinen, quaderförmigen Bauelementen (Größe 0603, 0805) und bei den kleineren SOT-Gehäusen ist die Erfolgsquote beim Abschieben mit ca. 80 Prozent relativ gering. Ursache hierfür war der wärmebedingte Verzug der Leiterplatte und damit verbunden eine im Vergleich zur Höhe der betroffenen Bauelemente große Positionstoleranz in vertikaler Richtung. So kommt es in den erfaßten Störfällen zu einem Abrutschen des Abschiebewerkzeuges.

Störungen beim Abheben des defekten Bauelementes hatten ihre Ursache überwiegend in Verschmutzungen, die den Aufbau des Unterdrucks zwischen Saugteller und Bauelement verhindert hatten.

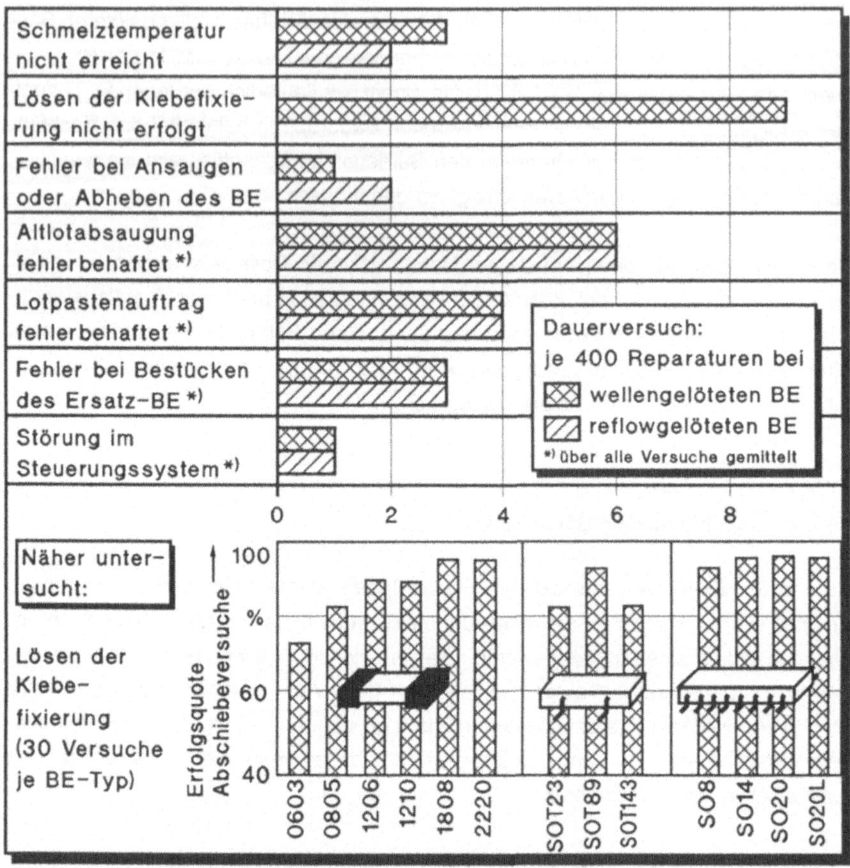

Bild 8.10: Störungshäufigkeiten bei den Teilfunktionen

8.4.2.3 Folgerungen aus den Versuchen

Die entwickelten Verfahren und Werkzeuge wurden in den Versuchen auf ihre Einsetzbarkeit hin untersucht. Die Richtigkeit der eingangs angestellten Überlegungen und die Eignung der ausgewählten Konzepte konnte bestätigt werden.

Aufgetretene Störungen haben ihre Ursachen überwiegend im prototypischen Charakter der aufgebauten Versuchsanlage. Die Teilfunktionsträger für die lokale Wärmeeinbringung und das Demontieren von Bauelementen haben sich als praxistauglich erwiesen. Die durch Leiterplattenverzug aufgetretenen Störungen beim Abschieben wellengelöteter Bauelemente würden sich durch integrierte Sensorik zur Höhenerkennung des Bauelementes oder der Leiterplatte verringern lassen.

Die exakte Temperaturmessung an der Lötstelle hat sich aufgrund der Vielzahl der eingehenden Parameter als schwierig erwiesen. Zunächst können die aus der Schwankungsbreite des Meßwertes resultierenden Fehler dadurch vermieden werden, daß der signalgebende Schwellwert angehoben wird. Der eingestellte Wert muß so hoch sein, daß die Untergrenze des korrespondierenden Toleranzbandes gerade über der Schmelztemperatur des Lotes liegt. Für wellengelötete passive Bauelemente stellt diese Erhöhung der thermischen Belastung keine wesentliche Gefahr dar. Aufgrund der zunehmenden Anzahl komplexer integrierter Schaltungen mit einem Anschlußdrahtraster von bis zu 0,3 Millimetern muß die Wärmeeinbringung zukünftig weiter minimiert werden. Die Verbesserung der Temperaturmessung, auch in Hinblick auf eine zweidimensionale Erfassung zur Betrachtung aller Anschlußdrähte, muß bei weiteren Entwicklungen deshalb im Vordergrund stehen.

Die Reparatur von elektronischen Baugruppen in SMD-Technik erfolgt augenblicklich ausschließlich manuell. Dem Reparateur stehen Werkzeuge und Vorrichtungen zur Verfügung, mit deren Hilfe er komplexe Verrichtungen wie Positioniervorgänge, schnelle Sequenzen von Aktionen oder die Einhaltung von Prozeßzeiten leichter durchführen kann. Bei der Positionierung von Bauelementen mit den geforderten engen Toleranzen und bei der Einschätzung von Temperaturen, besonders aber von Wärmeströmen, reichen die menschlichen Fähigkeiten alleine nicht aus, um eine Schädigung des Bauelementes ausschließen zu können. Die manuelle Reparatur steht im Widerspruch zu den Bestrebungen, den Automatisierungsgrad beim Bestücken und Verlöten möglichst noch zu steigern um einen reproduzierbaren hohen Qualitätsstandard zu erreichen.

In der vorliegenden Arbeit wurden die wesentlichen automatisierungsrelevanten Aspekte bei der Reparatur von Baugruppen in der Oberflächenmontagetechnik aufgezeigt. Darauf aufbauend wurden Verfahren und Werkzeuge entwickelt, die die automatisierte Demontage, inklusive der notwendigen peripheren Prozesse, und das Bestücken eines Ersatzbauelementes für eine Vielzahl von Bauelementen ermöglichen. In einer umfassenden Analyse wurden erstmals die werkstückspezifischen Anforderungen und die Automatisierungshemmnisse aufgenommen und mit dem Stand der Technik verglichen. Die Defizite, die hauptsächlich durch die mangelnde Umrüstflexibilität der Wärmeübertragungsglieder in bezug auf die Anschlußdrahtkonfiguration der Bauelemente verursacht sind, mußten für die Konzeption besonders beachtet werden.

Die beiden gebräuchlichen Verbindungsarten in der Oberflächenmontagetechnik - Reflow- und Wellenlötung - führten zu unterschiedlichen Konzeptionen, besonders aufgrund der für die Wellenlötung notwendigen vorausgehenden Klebefixierung der Bauelemente. Während wellengelötete Bauelemente verarbeitungsbedingt eine geringere thermische Empfindlichkeit aufweisen müssen und kompakte Gehäuse haben, können reflowgelötete SMDs aus der gesamten Breite des Spektrums stammen. Insbesondere hochpolige Bauelemente können ausschließlich im Einzellötverfahren reflowgelötet werden, um die Wärmeeinbringung in das Gehäuse so gering wie möglich zu halten. Für eine zerstörungsfreie Demontage müssen demzufolge gleiche Anforderungen gelten.

Deshalb wurden von den in der Grobkonzeption zugrunde gelegten grundsätzlichen Wärmeübertragungsmöglichkeiten

❑ Konvektion mittels Heißgas,

❑ Strahlung (Infrarot oder Laser) und

❑ Konduktion durch Heizbügel

für wellengelötete Bauelemente das Heißgasverfahren und für reflowgelötete Bauelemente das Laserablöten ausgewählt. Das Heißgasverfahren bietet durch die zwangsläufige indirekte Erwärmung des Bauelementgehäuses den Vorteil, daß der Klebstoff über die Glasübergangstemperatur erwärmt und somit zäh-viskos wird. Das Bauelement kann so von der im Werkzeug integrierten Abschiebeeinrichtung leichter gelöst werden.

Das Ablöten mittels Laser ermöglicht die punktgenaue lokale Wärmeeinbringung bei durch die hohe Energiedichte möglichen kurzen Prozeßzeiten. Die thermische Belastung von Bauelement und Leiterplatte kann hierbei so gering wie möglich gehalten werden. Durch das entwickelte Verfahren, bei dem ein oder zwei Laserstrahlen in schneller Folge jeweils zwei orthogonal benachbarte Bauelementseiten abfahren, kann die Erwärmung peripherer Komponenten verhindert werden. Für die Anpassung des Systems an anwenderspezifische Anforderungen und für die Abschätzung der bauelementabhängig benötigten Laserleistung wurde ein Rechenmodell entwickelt und die Richtigkeit der getroffenen Annahmen am Beispiel bestätigt.

Beiden Verfahren gemeinsam ist die hohe Flexibilität in Hinblick auf die Bauelementgeometrie des SMD-Spektrums. Eine automatische Reparaturstation mit ihren gegenüber manuellen Reparaturplätzen hohen Investitionskosten kann nur gerechtfertigt werden, wenn annähernd alle Bauelemente abgelötet und alle peripheren Prozesse dort abgearbeitet werden können.

Insgesamt erfüllen die entwickelten Verfahren und Werkzeuge die an die Reparatur gestellten Anforderungen. Durch das Nebeneinander je eines Funktionsmoduls für wellengelötete und reflowgelötete Bauelemente erscheint der apparative Aufwand hoch. Es muß jedoch berücksichtigt werden, daß es sich beim vorgestellten Layout eines Einplatzsystems um die maximale Ausbaustufe handelt.

Für den industriellen Einsatz müssen über das gesamte Spektrum oberflächenmontierbarer Bauelemente hinweg Versuchsreihen zur Bestimmung der Parameter durchgeführt werden, die in das Modell eingehen. Zusätzlicher Forschungsbedarf besteht im Bereich der Beschreibung der Wärmeströme und der Bildung thermischer Modelle für die Vorgänge beim Erwärmen einer Lötstelle. Im Bereich des Ablötens mit Laser kann der apparative Aufwand und die benötigte Strahlungsleistung möglicherweise durch die gezielte Optimierung von Prozeßparametern weiter gesenkt werden. Diese Überlegungen standen in der vorliegenden Arbeit nicht im Vordergrund, vielmehr sollte die fertigungstechnische Lösbarkeit des Problems aufgezeigt werden.

Die entwickelten Verfahren und Werkzeuge können über die beschriebene Aufgabe hinaus auch bei der Demontage von Bauelementen, im Sinne des zunehmend geforderten Recycling elektronischer Baugruppen /63/, eingesetzt werden. Hochintegrierte Bauelemente wie Mikroprozessoren, Speicherbausteine etc. können so für die Wiederverwendung zerstörungsfrei gewonnen werden. Des weiteren ist das vorgestellte Gesamtsystem so konfigurierbar, daß es auch zum partiellen Einlöten von Bauelementen eingesetzt werden kann. Diese Option kann zur Verkürzung der Amortisationszeit bei nicht ausgelasteten Reparatursystemen wesentlich beitragen.

10   Literaturverzeichnis

/1/   Schraft, R.D.;
       Wolf, E.;
       Leicht, T.:
Bestückautomaten: eine internationale Marktübersicht; SMT- und Durchsteck-Montageautomaten.
Heidelberg: Hüthig, 1989

/2/   Wolf, E.:
Bestücken von Leiterplatten mit Industrierobotern.
Berlin, Heidelberg, New York: Springer, 1988,
Zugl. Stuttgart, Univ., Diss., 1988

/3/   N.N.
Lötfehler vermeiden.
In: Productronic 11 (1991) 5, S. 57-63

/4/   Marquardt, V.:
Kostensenkung in der Baugruppenreparatur.
In: EPP (1992) 12, S. 16-17

/5/   Schulz, J.:
Eine Frage der Wirtschaftlichkeit. Reparatur von SMD-bestückten Baugruppen.
In: Produktion (1991) 22, S. 45-46

/6/   Cannon, M.:
Reproduzierbare Parameter.
In: PRONIC (1993) 3, S. 28-30

/7/   Knödler, D.;
       Belschner, R.:
Tape-Automatic-Bonding mittels Laserstrahl.
In: SMT/ASIC/Hybrid / Reichl, H. (Hrsg.). Heidelberg: Hüthig, 1990, S. 349-355

/8/   N.N.
Philips: Fortschritte in der Löttechnik durch den Einsatz von Lasern.
Kassel, 1992 - Firmenschrift

/9/   N.N.   Philips: SMD-Löten: Lötbarkeit, Lötverfahren,
                               Lötfehler, Kriterien für gute Lötverbindungen.
                               1988 - Firmenschrift

/10/   Verguld, M. M. F.;   Hochleistungs-SMD-Bestückung - Vorausset-
       Klein Wassink, R. J.:   zungen und Grenzen.
                               In: Feinwerktechnik und Meßtechnik
                               100 (1992) 3, S. 77-80

/11/   DIN 8591 Bl. 3 E   Fertigungsverfahren Zerlegen - Einordnung,
                               Unterteilung, Begriffe. 06.85

/12/   Reuber, W.:   CIM-Bausteine für die Fertigung.
                               In: SMT (1992) 3, S. 50-53

/13/   Hunn, N.:   Surface mount rework - A review of tech-
                               niques and practice.
                               In: Soldering and Surface Mount Technology
                               (1990) 5, S. 26-31

/14/   Engelhardt, G.-M.:   Effektiv reparieren - Kriterien zur Einrichtung
                               eines Reparaturplatzes für SMD-Baugruppen.
                               In: Productronic 9 (1989) 7/8, S. 36-39

/15/   N.N.   Entlöten mit automatisch arbeitenden Gerä-
                               ten.
                               In: Elektronik-Report (1987) 5, S. 43-44

/16/   Martin, B.:   Heiße Programme. Programmiertes Löten si-
                               chert Qualität bei Einzelfertigung und Repa-
                               ratur.
                               In: SMD-Magazin (1991) 1, S. 30-32

/17/   Bralower, P.M.:   Rework demands upgraded tools.
                               In: Assembly Engineering 33 (1990) 3,
                               S. 19-21

/18/   N.N.   SMD-Montage und -Reparatur.
                             In: Elektronikschau 64 (1988) 8, S. 20-21

/19/   Reusch, G.:   Universelle Reparaturstation für die SMD-
                             Technik.
                             In: Productronic 8 (1988) 3, S. 32

/20/   N.N.   Akrobatik ade. Schonendes Entlöten von
                             SMT-Bauteilen.
                             In: Elektrotechnik 70 (1988) 14, S. 14-16

/21/   Abbagnaro, L.:   Richtig Reparieren - aber wie? Kriterien für
                             das manuelle Reparieren von SMD-Baugrup-
                             pen.
                             In: Productronic 12 (1992) 9, S. 14-21

/22/   N.N.   Vollwertige Arbeitsplätze.
                             In: Surface Mount Technology (1991) 1,
                             S. 22-26

/23/   N.N.   Schutzrecht EP 0309665-A1 (1989-04-05).
                             Siemens. Pr.: DE 3729040 1987-08-31

/24/   Jörns, P.:   Reparatur in der SMT durch partielles Aus-
                             bzw. Einlöten.
                             In: AME 91, 1. Internationale Fachmesse und
                             Kongress, 22.-24. Januar 1991, Stuttgart /
                             Feldmann, K. (Hrsg.). Berlin u.a.: VDE-Verlag,
                             1991, S. 181-192

/25/   N.N.   Rechnergestützte und papierlose Baugrup-
                             pen-Reparatur.
                             In: EPP (1993) 1/2, S. 35-36

/26/   Köcher, D.:   SMDs und Automatisches Testen.
                             In: Elektronik 37 (1988) 7, S. 123-125

/27/ König, G. W.: Integration-wirtschaftlich realisiert. Trends und Perspektiven des automatischen Testens. In: Elektronik 35 (1986) 22, S. 117-118

/28/ Klein, P.: Reparieren mit System. In: Productronic 12 (1992) 11, S. 76

/29/ Hüttmann, E.: In-line Teststrecke für SMD-Leiterplatten. In: Feinwerktechnik und Meßtechnik 97 (1989) 5, S. 218-221

/30/ N.N. O & K Geissler: REPERO. München, 1987 - Firmenschrift

/31/ Tolany, J.: Mit heißen Strahlen an die Pins-Reparatur von SMD-Baugruppen mit Heißgasgeräten. In: Productronic 9 (1989) 7/8, S. 40/41

/32/ N.N. Surface-mounted component desoldering tool. In: IBM Technical Disclosure Bulletin 28 (1986) 9, S. 3946-3949

/33/ Holdway, J. B.: Guide for removal, replacement of surface mounted devices (II). In: Electronics 31 (1985) 1, S. 23-26

/34/ Birken, H.: Zweckmäßig: Infrarotlicht oder Heißgas (Zur Reparatur SMD-bestückter Leiterplatten). In: Elektrotechnik 68 (1986) 21/22, S. 34-38

/35/ N.N. Gezielt auf die Insel. Blendengesteuertes Löten hilft reparieren. In: PRONIC (1990) 6, S. 26-27

/36/ Möller, W.: Temperaturgesteuertes Laserlöten in der Feinwerktechnik, Mikromechanik und Mikroelektronik. Forschungsbericht / BMFT, MBB-Nabern, FhG-ILT Aachen. Kirchheim / Teck: MBB, 1990.

/37/ N.N. SMD-Board-Reparatur ohne Probleme. In: Productronic 7 (1987) 1/2, S. 52/54

/38/ Abbagnaro, L.: Montage und Reparatur von Bauelementen in der SMD-Technik. Werkzeuge mit System. In: Productronic 11 (1991) 5, S. 46-50

/39/ Abbagnaro, L.: Safe Repair of Surface Mount Assemblies. In: Electronic Packaging and Production (1991), Supplement zu Nr. 11

/40/ Zimmer, G.: Verbindung durch Impulslöten. In: Electronic Packaging and Production (1992) 5, S. 69-74

/41/ N.N. Entlöten mit dem geringsten Risiko. In: Productronic 10 (1990) 10, S. 80-84

/42/ Zschimmer, G.: Drauf und Dran. Bestücken und Löten von SMD auf flexible Leiterplatten. In: Elektronikpraxis 23 (1988) 4, S.174-176

/43/ N.N. Düsen statt Wechsel-Werkzeuge. In: SMT (1992) 4, S. 40-42

/44/ N.N. Vorbeugen ist besser. Reparatur und Inspektion von chipbestückten Leiterplatten. In: Elektronik Journal 22 (1987) 20, S. 64-66

/45/   Scholz, H.:   Klebrige Sache.
                                In: e - Elektronik-Technologie, -Anwendungen
                                und -Marketing (1989) 15, S.16-18

/46/   Bauer, C.-O. (Hrsg.):   Handbuch der Verbindungstechnik.
                                München, Wien: Hanser, 1991

/47/   McCelland, S.:   Rework processing.
                                In: Advancing surface mount technology /
                                S. McCelland (Hrsg.),. Kempston, UK:
                                IFS Publ., 1988, S. 167-168

/48/   N.N.   SMD-Reparaturplätze in der Kritik der An-
                                wender.
                                In: SMD-Magazin (1991) 1, S. 14-16

/49/   Schweizer, M.;   Automatische Reparatur von Flachbaugrup-
        Leicht, T.:   pen.
                                In: EPP (1992) 6, S. 18-20

/50/   Heiserman, D.L.:   Surface-mount devices: troubleshooting and
                                repair.
                                Englewood Cliffs, NJ, USA: Prentice-Hall,
                                1990

/51/   Diehm, R.:   Lötverfahren in der Oberflächenmontage.
                                In: Productronic 10 (1990) 4, S. 16-24

/52/   DIN IEC 68-2-58   Umweltprüfungen. 04.92

/53/   VDI 2860 Blatt1 E   Handhabungsfunktionen, Handhabungsein-
                                richtungen, Begriffe, Definitionen, Symbole.
                                10.82

/54/   Wolski, G.B.:   Heiße Luft und kleine Punkte.
                                In: EPP (1993) 9, S. 48-49

/55/   Hall, D.R.:   A laser soldering systems for surface mounted
       Whitehead, D.G. Poli-   components.
       janczuk, A.V.   In: 4th Int. Conference Lasers in Manufactu-
                                           ring, 1987. Kempston,
                                           UK: IFS Publ., 1987, S. 133-138

/56/   Dubbel, H.:   Taschenbuch für den Maschinenbau.
                                           17. korrigierte Auflage.
                                           Berlin u.a.: Springer, 1990

/57/   Maya, A.:   Konzeption eines Werkzeuges zum Entlöten
                                           elektronischer Bauelemente in SMD-Technik
                                           mittels Laser. Stuttgart: Universität, IFF, Stu-
                                           dienarbeit-Nr.: 101/2557, 1992

/58/   Iversen, W.R.:   Laser Soldering Attacks Ultrafine Pitch Bon-
                                           ding.
                                           In: Assembly 35 (1992) 6, S. 26-27

/59/   Hügel, H.:   Strahlwerkzeug Laser: eine Einführung.
                                           Stuttgart: Teubner, 1992

/60/   Dernedde-Jessen, H.: Oberflächliche Schaltungselemente. SMD-
                                           Bauteile.
                                           In: Funkschau 58 (1986) 16, S. 55-58

/61/   Kroschewski, J.:   Reparatur nach Maß.
                                           In: Productronic 13 (1993) 10, S. 38-42

/62/   Warnecke, H.J.;   Toleranzausgleich in der Präzisionsmontage.
       Schweizer, M.;   In: Montage 3 (1990) 1, S. 40-46
       Schweigert, U.:

/63/   Hopperdietzel, R.;   Recycling elektronischer Geräte.
       Franke, J.;   In: Elektronik 42 (1992) 15, S. 30-36
       Liedl, G.; u.a.:

Lebenslauf

Persönliches: Thomas Leicht
                 geboren am 23.07.1960 in Bamberg
                 verheiratet mit Angela Leicht, Video-Cutterin
                 Sohn Moritz

Schulbildung: 1966 - 1970   Grundschule in Bamberg
                 1970 - 1980   Clavius-Gymnasium, Bamberg
                 Mai 1980   Abschluß: Allgemeine Hochschulreife

Wehrdienst: Juli 1980 -   Grundwehrdienst bei Instandsetzungs-
                 Sept. 1981   Einheiten in Mittenwald und Ebern

Studium: 1981 - 1987   Technische Universität, München
                                Studiengang Maschinenwesen
                                Fachrichtung Fertigungs- und
                                Betriebstechnik
                 Juni 1987   Abschluß: Diplom

Praktika: 1981 - 1986   bei den Firmen:
                                Bosch, Bamberg
                                Weiler, Strullendorf
                                FAG Kugelfischer, Eltmann
                                Eisengießerei Müller, Bamberg
                                BMW Bayerische Motorenwerke, München

Berufstätigkeit: seit 1. Okt. 1987   Wissenschaftlicher Mitarbeiter am
                                     Fraunhofer-Institut für Produktionstechnik
                                     und Automatisierung (IPA), Stuttgart,
                                     unter Leitung von o. Prof. Dr. h. c. mult.
                                     Dr.-Ing. H. J. Warnecke